这样装修更省钱

预算、材料、施工全攻略

奈叶 著

江苏凤凰科学技术出版社·南京

图书在版编目（CIP）数据

这样装修更省钱：预算、材料、施工全攻略 / 奈叶
著 . -- 南京：江苏凤凰科学技术出版社，2024.7.
ISBN 978-7-5713-4472-6

Ⅰ. TU767.7

中国国家版本馆CIP数据核字第2024TW2147号

这样装修更省钱　预算、材料、施工全攻略

著　　　者	奈　叶
项 目 策 划	庞　冬　代文超
责 任 编 辑	赵　研　刘屹立
特 约 编 辑	代文超

出 版 发 行	江苏凤凰科学技术出版社
出版社地址	南京市湖南路1号A楼，邮编：210009
出版社网址	http：//www.pspress.cn
总 经 销	天津凤凰空间文化传媒有限公司
总经销网址	http：//www.ifengspace.cn
印　　　刷	北京博海升彩色印刷有限公司

开　　　本	710 mm×1 000 mm　1／16
印　　　张	11
字　　　数	176 000
版　　　次	2024年7月第1版
印　　　次	2024年7月第1次印刷

标 准 书 号	ISBN　978-7-5713-4472-6
定　　　价	68.00元

图书如有印装质量问题，可随时向销售部调换（电话：022-87893668）。

前言

省钱是做好装修的第一步

对于装修新手来说，控制好预算是一件非常困难且十分重要的事情。装修第一套房子时，我什么都不懂，被各种好看的材料和"划算"的套餐迷了心窍，导致踩了无数"坑"。后来借着自己和亲友房子的装修契机，我了解了许多装修知识，也汲取了大量的经验，还专门做手账来记录这些年积累的干货和装修灵感。当完成第四套房子的装修后，我想是时候将这十几年的所学和经验分享出来了，希望这些经验能帮助大家少走一些弯路。

每个人在装修之前都会有自己的预算，但很少有人会详细地规划和拆分预算，甚至有人连需求都不明确就开始装修了。这样在装修过程中，业主很容易因被市场上五花八门的材料吸引而冲动消费，最终导致预算超支，房子的装修效果自然也很难达到自己的预期。

如何做好预算？要不要请设计师？怎样才能买到性价比较高的材料？施工中如何不被坑？既省钱又有格调的软装怎么选？这些都是经常困扰我们的问题。如果你刚好也遇到上述问题，那么本书可以为你提供帮助。

本书旨在帮助对装修一窍不通或一知半解的业主；对一些虽然已有两三次装修经历，但仍控制不好预算的人也会有很大帮助。全书共分为五章，分别从预算、设计、材料、施工和软装方面进行详细拆解，针对装修中各环节可能会踩到的"坑"，给出具体的应对方案。除此之外，书中分享了很多实用的省钱技巧，相信你一定能够从中获益。

因为每个人的装修需求不同，喜好也不同，所以未必书中的每一条经验都适合你，大家可以根据自己的实际情况来参考。毕竟我们的目标都是一样的——花最少的钱，装修出最满意的效果。

奈叶

2024 年 6 月

目录

第 **1** 章

省预算

预算有多重要？
做预算前要做哪些准备工作？
装修预算由哪几个部分组成？
做预算时会遇到哪些圈套？

当我们买到心仪的房子，拿到钥匙时，接下来要做的不是立刻找设计师，也不是找装修公司签合同，而是要先做好装修规划和预算。这看似麻烦又多余的一步，却在整个装修过程中起着至关重要的作用。如果能用心把预算做好，那么就已经为自己的装修节省很大一笔费用了。

预算有多重要?

1　什么是装修预算?

装修预算就是对装修过程中对可能产生的设计、材料、人工等费用进行提前、合理的规划。做预算的目的是在个人经济能力范围内,尽量花较少的钱,装修出最满意的质量和效果。

一般情况下,装修预算包含硬装主材费、硬装辅材费、人工费、家具家电费、软装配饰费等。如果请了装修公司,那么还会产生设计费、垃圾清运费、工程管理费等。如果需第三方服务,那么还会再产生监理费、保洁费、空气质量检测费(如甲醛检测)等。此外,很多小区物业还会额外收取装修押金(装修结束后,若无违规操作,则全部返还)和垃圾清运费,其中垃圾清运费是按面积计算的,价格在 8 ~ 15 元 /m^2。

 小提示

垃圾清运费需要业主支付

小区物业的垃圾清运和装修公司的垃圾清运的方式是不同的,装修公司负责将屋内垃圾清运至小区内指定地点,而物业则负责将垃圾清运至小区外指定场所。

2　不做预算,装修费用一定会超支!

很多人会有疑问:装修预算一定要做吗? 省去这一步可不可以? 答案自然是"不可以"。如果在装修之前没有一个合理的预算,那么装修费用是会随时变动的。我可以肯定地告诉你,最终的装修金额一定会严重超支! 不做预算的话,自己完全没有"价格"的概念,看到喜欢的就想买。特别是到了装修后期,你会发现钱越来越不够用,不得不虎头蛇尾,草草结束装修。

（1）装修时每项都选便宜的，不就可以省钱了吗？

逛完建材市场，很多人会有这样的想法，感觉材料都差不多，货比三家后就选择了便宜的。殊不知在装修这个大工程里，有些钱可以省，有些钱是万万不能省的，否则很可能买到有问题的材料，导致后期花更多的钱来弥补，还会搭进去人力、物力，得不偿失。

（2）装修公司的套餐很划算，交给他们不就行了吗？

大多数人都会被装修公司的低价套餐吸引，报价单上几乎包含了装修的所有工程，甚至有的装修公司还赠送大件家电，于是果断交了定金。结果在施工过程中才发现，很多装修公司对材料的品牌、型号及施工工艺，都没有明确说明，或者套餐里的材料只是指定的基础款，想要更改或升级就要多付钱。

为了确保装修顺利进行，避免后期超支，装修前对预算有个整体把控是非常必要的。比如硬装占比、软装占比，请设计师和监理的费用，承包方式是清包、半包、全包还是整装。要搞清楚每项所需的花费，做到心中有数，更加理性地选择材料和服务，把钱花在刀刃上。

序号	标配项目	使用位置	数量	标准说明	品牌说明
1	腻子铲除	墙面及顶面	全包	含亲水腻子铲除，**年久老房非亲水铲除后找平单独收费**	
2	乳胶漆	1、客餐厅及过道、卧室顶面 2、阳台的墙面、顶面	全包	1、标配舒纳沃恩乳胶漆-莱茵 2、标配色系：多乐士至尊安悦净味（18L）	**多乐士至尊安悦净味乳胶漆，售价1998元/组、绿色家园墙固、舒纳沃恩腻子（用于乳胶漆之前）**
3	地面找平	卧室（或房间）	全包	1、材料：325#水泥中砂、 2、标准厚度：2-4CM	
4	防水	厨房及卫生间	全包	1、厨房：返墙面防水高度30CM、地面满刷 2、卫生间淋墙面防水高度1.8米 3、标配材料：德国"汉高百得"	**百得防水系列产品通过国内最具公信力的环保认证——"绿十环"认证，环保健康，无毒无味**
5	厨卫吊顶	厨房及卫生间顶面	全包	1、铝扣板吊顶，不含异形铺设 2、标配材料：奥普	**奥普**
6	封下水管	厨房、卫生间、阳台	全包	1、包管的位置不限，数量不限、单双管不限 2、标配材料：红砖、墙面粘贴砂浆M20、隔音棉	
7	贴砖	1、客餐厅及过道地面及踢脚线 2、阳台地面及反边 3、厨房、卫生间墙面地面	全包	1、标准铺贴规格为200MM≤L（最短边）≤900MM 2、所有墙、地砖铺贴方式为正铺 3、厨卫砖标准铺贴高度为2.5米	工艺：贝格工艺铺贴法，品牌：马可波罗、欧神诺、罗马里奥、博德、诺贝尔、金科、冠珠
8	墙地砖	1、客餐厅及过道地面及踢脚线 2、阳台地面 3、厨房、卫生间墙面地面	全包	1、踢脚线可选择同套系大地砖进行加工（包括直切及磨边），加工辅工；也可选择成品 2、客厅标配600*600，800*800，600*1200含踢脚线，其他空间（厨卫及阳台）标配300*600，300*450，400*800	马可波罗、欧神诺、罗马里奥、博德、诺贝尔、金科、冠珠
9	成品门	卧室（或房间）、厨房、卫生间	全包	1、一个空间内只含一樘门；若卧室内有卫生间（且卫生间计入面积）则配置两樘门（一卧一卫）；若卧室内有衣帽间或储物间，为卧室的附属空间，该卧室仅含一樘门； 2、成品门标配：卧室：复合实木开门；厨卫：复合实木单开门； 3、标配玻璃：清玻、磨砂、钻玻（详见展厅样式）	大沫木门(16款免漆)、欧铂尼（19款免漆）、TATA木门（9款免漆）
10	进户门套	进户门洞	全包	1、单面门套5.5米 2、套板宽度：30CM或20CM 3、门边线宽度：6CM（平板）其他窗口垭口按米计算收费	大沫、欧铂尼（欧派旗下）、TATA

报价单上要有品牌和标准说明

小提示

装修预算做得越详细越好

　　做预算时，我们不仅要列出大框架，还要填充很多小细节，并标明哪些项目是必不可少的、哪些项目在预算不足的情况下可以舍弃，这样最终做出来的预算才更加接近真实的开销。

3　如何分配装修预算？

　　通常装修分两种情况，应分别进行预算规划，因为这两种情况下的装修预算分配是完全不同的。

（1）老房改造

　　受限于地理位置和预算，很多业主只能购买老房进行改造。当我们买到这样的房子时，可以把装修预算更多地分配给房屋基础建设和硬装部分。老房的电线、水管等硬件设备年久失修，甚至老化，一定要更换新的、质量好的。有的门窗使用年限较长，已经破损或散架，这会对未来的家居生活造成安全隐患，也要全部换新。

水管老旧，漏水流进楼道里

小提示

软装布置不必一次到位

如果将大部分预算用于硬装，那么软装自然就做不到那么精细，此时可以给部分区域留下有可升级的空间，不必一步到位，等入住后再慢慢添置。

（2）新房装修

对于新房的硬件配置，我们不用过多担忧。要把重点放在验房上，很多人会忽略这一点，建议大家分出一点预算请专业的验房师跟你一起去收房，严格把控房屋质量。一般新房的保修期是1～2年，遇到质量问题要争取在保修期内解决。保修期内房屋的质量问题都是由开发商负责维修的，因此，做好验房能为硬装省下不少开支，否则还要自己更换材料或维修。

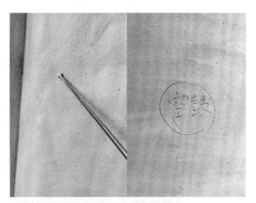

用空鼓锤敲击检查并标记好空鼓位置

当墙面有明显的裂痕时，要铲开检查断裂面位置

如果你想要省下请验房师的费用，那么亲自验房也是可以的，需要提前准备验房工具，比如卷尺、空鼓锤、测距仪、测电笔、相位仪、水平仪等。右页表格总结了验房时容易出现的问题，供大家参考。

验房时需注意的问题

项目	问题
墙面	用空鼓锤敲击，检查墙面是否有空鼓（发出咚咚声为空鼓，用记号笔圈出）
	墙面是否垂直平整
	墙面阴阳角是否垂直
	墙面有无开裂、起砂或脱落
	墙面是否用耐水腻子（否则要铲除重刮）
地面、顶面	地面是否平整、有无起砂（误差小的，装修时能找平）
	顶面有无裂缝，有无漏水现象
	随机选几个位置测量房高是否一致
电路	插座和开关有无松动，插座能否正常使用（用相位仪或充电器检测）
	空气开关是否灵敏
	弱电箱配件是否齐全（距地面至少 30 cm 高）
	强电箱和弱电箱之间的距离是否大于 1 m
	漏电保护装置是否正常
	照明设备能否正常使用
水路	出水口的出水是否通畅
	排水是否通畅，地漏有无堵塞的现象
	检查一遍每个管道接口，看有无漏水（雨后检查更好）
入户门	防盗门上有无划痕，有无漆皮脱落现象
	门框是否垂直，门框与墙体之间有无缝隙
	开关门是否顺畅，有无异响
	开门是否会撞到墙，能否正常打开
	锁具、门铃能否正常使用
	猫眼视线是否清晰
窗户	窗户开关时有无卡顿
	窗户有无关不严、有缝隙的情况（夹上纸检测是否漏风）
	窗户把手开关是否顺滑
	窗户边框是否变形
	纱窗的完好程度和密闭性如何
	玻璃有无破损、划痕或污染，有无 3C 认证

续表

项目	问题
设备	水表、电表、燃气表设备是否完好无损（分别记录当下数值）
	房内电器设备能否正常使用
	烟道是否通畅（用打火机检测）
阳台	阳台栏杆是否牢固
	开放式阳台栏杆高度是否符合要求（普通住宅应大于等于1.05 m，高层应大于等于1.1 m）

注：除了上述必备的毛坯房条件外，如果是精装房，还要检查房子的装修质量和家具家电质量。

　　房屋质量检验合格后，我们只需在原有基础上稍加改进和调整就行，不用"大动干戈"。因此，可以适当增加新房软装预算比例，让房子看起来更有格调。除明确新房、老房之外，还需考虑的因素在下表中列出，供大家参考。

还需考虑的因素及说明

考虑因素	说明
经济能力	在经济条件允许的范围内装修，不要超出自己的能力范围。借钱装修或贷款装修都是不可取的，不要为了面子而让自己承担过重的经济压力
房屋面积	根据房屋面积在合理范围内做出与之最匹配的预算。房子面积小时可以选择高性价比的材料，使房子变得温馨舒适。房子面积大时可能需要更高档的装修，以彰显其高档大气的特点
居住年限	如果三五年后会换更好的房子，则不用过多投入装修费用，特别是那些带不走的硬装。而计划长期居住的房子，可以适当增加预算，更持久地享受装修带来的舒适和惬意
装修风格	预算有限时，可以选择经济型的风格，比如现代简约风格、北欧风格、日式风格；预算较高时可以选高档型的风格，比如新中式风格、欧式风格、美式风格等。奶油风、侘寂风，装修费用也较高

 小提示

极简风并不省钱

　　一些业主装修预算有限，就想选择极简风。实际上极简风是花费比较高的装修风格，需要呈现出很多极窄边框的形态，收口也比较复杂，施工成本较高。

做预算前要做哪些准备工作？

在正式做预算之前，需要做充分的准备工作。对于上班族来说，建议至少拿出 3 个月的时间进行准备，非上班族至少拿出 1 个月的时间。这样可以根据自己的需求、各空间的规划，以及市场行情做出有针对性的预算。

1 需求列表

我们对家的设想有很多，比如风格、色彩搭配等，这些都是基于个人喜好。除了个人喜好，还应考虑特殊群体的需求，比如夫妻、老人、儿童、宠物等。建议制作一张需求表，把所有家庭成员的需求都写进去。

（1）夫妻

年轻人有自己的生活方式，特别是对于两口之家来说，可以根据两个人共同的喜好和生活习惯，装修出两人专属的小天地，比如电竞房、影音室、阅读区、手办展示区等。此外，还需考虑是否预留儿童房。

（2）老人

老人的生活习惯跟年轻人不同，他们更注重舒适度，因此在动线规划、防滑设计、加强隔声上要特别注意。另外，老人一般比较喜欢通透明亮的空间，因此要在空间布局和采光方面有所考虑。

读书爱好者的阅读区

（3）儿童

有孩子的家庭自然会有专属于孩子的房间，根据性别会做不同空间色彩的搭配，也会配置相应的家具。有的家庭还会给孩子设置专属的娱乐或学习空间，这都应根据孩子的喜好来设定，年龄段不同需求也不一样。

（4）宠物

很多养宠物的家庭会设置宠物房或宠物专属区，我当初就把自家阳台做成了猫咪的阳光房。家里有宠物，家具和布艺产品就要选择防抓的布料，否则新家很容易变成旧家。

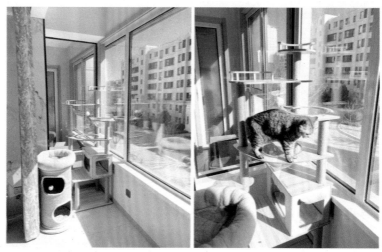

我家阳台处的猫咪阳光房

2　空间规划

各空间在装修预算中的分配比例也是有差异的。比如客厅、厨房、卫生间，预算比例会相对高一些，而卧室、书房、餐厅等预算比例会稍低一点。厨房和卫生间是我们每天都会用到的空间，湿度比较高，这个区域的瓷砖、柜子、五金等材料应尽量选择质量好的。无论采用何种分配方式，我们都要列出各空间的详细需求，并标明优先级。如右页表，需求列好之后，就要根据优先级排序拆分各区域的预算比例了。

各空间的需求明细表

空间	需求	优先级
玄关	入户门是否安装智能门锁	高
	玄关柜空间需要多大？换下的鞋子放在哪里？	高
	玄关挂衣区如何设置？用挂钩还是挂衣杆？	高
	玄关是否放置装饰画	中
客厅	视听设备需要哪些？是否配置回音壁	中
	客厅做无主灯吊顶还是直接装吊灯？	中
	沙发选直排、圆弧还是 L 形？	中
	沙发背景墙做造型、刷涂料、挂画还是做储物柜？	中
	沙发旁边是否配置落地灯，提升阅读氛围	低
	是否设置特殊区域，如健身区、阅读区等	低
	客厅与阳台衔接处是封闭还是打通？	低
	客厅安装布艺窗帘还是柔光纱帘？	低
	客厅是否需要放置绿植	低
卧室	是否需要隐形门？是否需要加强隔声效果	高
	不同卧室分别需要多大的床？床垫软硬度如何	高
	卧室的床是否需要带储物功能	中
	是否需要独立的梳妆台或衣帽间	中
	是否要在卧室添置电视机或投影仪	中
	根据家庭成员的睡眠质量决定是否用遮光窗帘	中
	是否需要配置感应灯，方便起夜	低
	是否需要方便睡前阅读的床头壁灯或吊灯	低
	如果有飘窗，那么该如何利用？	低
书房	是否需要大容量书柜	高
	选单人书桌还是双人书桌？是否需要升降书桌	高
	如果是承重墙，是否选择做壁挂书桌	中
	是否需要榻榻米或折叠沙发作为备用卧室	中
	是否为积木或手办爱好者打造玩具展示区域	低
	手账爱好者是否需要单独的文具收纳区域	低

续表

空间	需求	优先级
餐厅	是否需要大容量的餐边柜、零食柜	高
	需要多大的桌子？是否需要岛台餐桌一体的形式	高
	需要多大容量的冰箱？功能分区如何	高
	是否需要打造独立的水吧区	中
	是否需要在餐桌附近安装插座	中
	是否要节省厨房空间，将冰箱放在餐厅	低
	有无藏酒需求，是否需要酒柜	低
厨房	橱柜的整体配色要什么样的	高
	橱柜需要什么品牌的板材、五金	高
	橱柜台面需要多高［最适高度：身高（cm）÷2+5］	高
	需要配置多少插座？是否用轨道插座	高
	厨房要单开门还是推拉门？是否做开放式厨房	中
	水槽要大单槽还是双槽？	中
	橱柜内是否需要配置抽屉或拉篮	中
	是否需要洗碗机和垃圾处理器	中
	是否需要全屋净水或软水系统	中
	是否需要集成燃气灶	低
	是否需要内嵌式蒸烤箱	低
卫生间	需要什么材质和颜色的瓷砖	高
	是否做干湿分离	高
	是否需要淋浴房，是否需要智能防雾镜	中
	是否需要浴缸，选独立式还是内嵌式？	中
	是否需要智能坐便器，是否需要喷枪	中
	是否需要壁挂坐便器（工艺复杂）	低
	洗手盆要单人还是双人？是否要壁挂式的	低
阳台	是否需要家政柜	高
	是否设置植物区，打造成花园洋房	中
	是否设置茶歇聊天区、宠物房	低

3 市场考察

为了更好、更精确地制作预算表，还需要做一项很重要的工作——进行市场考察。可以多去逛几个建材市场，对比不同材料品牌。这个过程中你需要拍照片、记录价格、多了解相关材料知识和工艺。

多去建材市场进行考察

市场考察方式和内容

方式	内容
拍照片	拍下喜欢的材料样式和风格，并记录店铺名称，以便日后查找和对比
记录价格	记录不同类型材质材料的价格，并了解其特点和区别。比如地板材料有实木地板、复合地板、强化地板等，寻找最优性价比方案
多询问	向商家多了解材料的相关知识，询问有关材料的使用、维护和保养等问题，以便日后做出更加明确的选择。了解各类材料的施工工艺和人工费用
关注新技术	留意市场上新产品和新概念的应用情况，尤其是一些节能环保的新技术和新产品，这能让你在今后的使用中节省能源开支
送货和运输	确认材料商家是否提供送货上门的服务，是否收取运输费用等，以免后期出现不必要的麻烦

 小提示

借用表格整理材料信息

了解清楚材料信息后，我们可把记录在本子上或手机里的信息整理成表格，方便日后查看和对比。当然，最终目的是控制好预算，做出最适合自己的装修方案。

装修预算由哪几个部分组成？

经常有业主问：什么是硬装，什么是软装。告诉大家一个最简单的区别方法：不能从房子里搬走的（除非拆砸）就是硬装，可以直接搬走的就是软装。所以，一般的装修主材、辅材都属于硬装，而成品家具、家电、家纺、装饰画等都属于软装。我将装修中涉及的所有费用拆分成了八大类别。

1 硬装主材

主材分为基础材料和选择性材料。基础材料是每家都会用到的，而选择性材料可以根据自己的需求选用。

（1）水电管线

水电改造是装修过程中很重要的一项工程，用到的三大材料有电线、电管和水管。这三类建材费用都按"米"计算，电线一般按整卷卖，每卷 100 m。水管则分为给水管和排水管，不同水路还需配合不同连接件。在做预算之前，要先把家里整体的水电布局做出来，再根据用量估算价格。由于水电工程在装修过程中容易出现纰漏，会有浪费材料的情况发生，所以要尽量多做些预算，以备不时之需。

尽量选择大品牌质量好的水电管线材料

（2）瓷砖

瓷砖包括墙砖和地砖，现在比较流行大尺寸地砖上墙。厨房和卫生间属于潮湿的环境，多数家庭会选择瓷砖，其他区域视喜好而定。一般按"块"计价，尺寸越大的瓷砖单价越高。

（3）地板

大部分商家按"面积"来标价，个别商家会按"数量"计价。多数家庭会选择局部铺设地板，有的也会选择地板通铺。同瓷砖一样，我们只需结合单价和面积，估算出总预算费用即可。

（4）乳胶漆

乳胶漆分为底漆和面漆，按"桶"计价，一般桶上都会标明其容量匹配多大面积。需要注意的是，乳胶漆不像瓷砖和地板，买多了商家包退，一般是不给退的。所以可以先买一些，不够再补买，千万别买多了。

（5）吊顶

吊顶主要涉及的材料有石膏板、木龙骨、轻钢龙骨等，厨卫空间吊顶还会用到铝扣板和浴霸等。石膏板按"张"计价，龙骨按"根"或"米"计价，轻钢龙骨比木龙骨要贵。铝扣板一般按"面积"计价，做预算时要记得考虑浴霸、风暖设备，很多业主会安装集成浴霸，做预算时直接加进去即可。

轻钢龙骨＋石膏板吊顶

（6）门、窗

门按"套"计价，包含门、门套、门锁，如果想要升级门锁的五金件，则需要额外增加费用。此外，窗户还会涉及两项费用：一个是纱窗，比如金刚网纱窗，需要单独做好预算；另一个是改装内倒（需更换五金件），一般按"数量"额外付费。有的商家也会将成套价格算在一起，包括金刚网纱窗和内倒的价格，这样做预算就方便多了。

（7）开关、插座

开关和插座都会在进行水电改造时计价进"点位"里，每个开关或插座是一个点位。有些装修公司套餐会根据面积包含固定点位，超出的部分额外按点位收费。应对家里的开关和插座布局进行合理规划，插座不是越多越好，有些插座密集的地方可以用轨道插座代替。如果需购买特殊插座，比如轨道插座、隐形插座、地插等，也要写进预算表里。

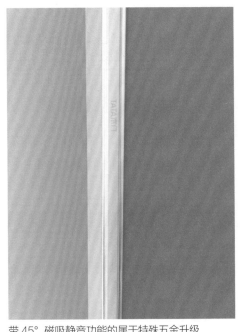

带 45° 磁吸静音功能的属于特殊五金升级

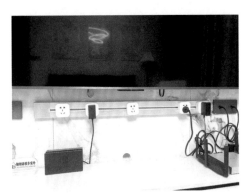

轨道插座性价比较高

 小提示

通常地面预算大于墙面预算

在整个硬装主材里，地面的预算应该大于墙面。如果预算不足，那么墙面可以尽量留白，后期用装饰画等软装补足。

2　硬装辅材

装修时经常使用的配合主材的辅助材料，简称为辅材，比如水泥、砂子、腻子、胶水等。辅材跟水电主材一样，也有"三件套"，分别是水泥、砂子和砖，这些是装修必备的基础材料。水泥和砂子都是按"袋"来计费的，砖按"块"来计费，可以分阶段购买，但做预算时要多估算一些。这部分预算不是很好做，我们可以将需要用料的面积告诉设计师或瓦工，让他们帮忙计算一下具体用量。

（1）墙固、腻子

这两种辅材用于墙面基层处理，以确保墙面平整和涂料附着性好，且用在刷乳胶漆之前。正常情况是先铲掉原始墙皮，然后刷一遍墙固、批刮两遍腻子，再刷乳胶漆。为了防止日后墙面开裂，有的会选择增加挂网的方式。全屋挂网造价比较大，可以尝试局部挂网，比如有家具的地方、做背景墙的地方就可以不用挂网。

局部挂网可降低墙面开裂的风险

（2）防水涂料

做防水是很重要的工程，在厨房和卫生间等潮湿区做防水是很有必要的，以确保墙面不会出现渗漏问题。不建议买太便宜的材料。同乳胶漆一样，防水涂料也是按"桶"计价的。

卫生间四面都刷 180 cm 高的防水涂料

3 固装家具

　　固装家具是指全屋定制家具，属于后期不能移动的家具，所以前期要规划好位置。全屋定制的柜子包括橱柜、衣柜、书柜、电视柜、玄关柜等。业主选择全屋定制的原因有两点：一是比较省事，有专门的设计师提供个性化设计和定制服务，再由工厂统一加工和安装；二是可以充分利用异型空间，且风格统一。在选择全屋定制之前，应对板材、五金等材料有一定的了解，并做好详细的预算，不然很容易被增项或被替换成质量较差的材料。

注意板材和五金的选购

4 软装家具

　　软装家具是指成品家具，优点是可随时更换，且款式多样，缺点是对审美有一定要求，需要自己搭配，如果搭配不好，则很难形成统一的风格。做预算时要明确家具定位，如果床和沙发对你来说比较重要，那么可以在预算中给予更高的优先级，而其他家具则根据实际需求和预算进行考虑。最好将要购买的家具都列进预算表里，清晰地了解整体费用，避免预算超支。

成品家具都会有师傅免费上门安装

5　家电设备

如今大家使用大小家电的频率越来越高，做预算时要列出完整的清单，把可能涉及的家电都考虑进去。我将家电分为大家电、小家电、风暖三类。大家电包括空调、冰箱、电视机、洗衣机、热水器等，小家电包括电脑、烤箱、微波炉、电饭煲等，风暖包括地暖、新风系统。多数大家电都会有额外的安装和配件费用，做预算时要考虑进去，但大部分商家都会提供免费送货上门服务。

中央空调配置相对复杂，可向商家询问预算总价

6　软装配饰

软装配饰的作用是提升室内空间的整体格调和品质，包括但不限于灯具、窗帘、床品、地毯、绿植、摆件、装饰画，根据个人需求购买即可。选购软装产品时要注重材质，确保安全性和环保性。做预算时可以预估总数，比如 1 万元的软装预算，在这个预算范围内，根据软装项目的优先级逐一购买就可以了。

利用灯具和装饰画来提升客厅的氛围感

7　人工费用

人工费是很大一笔开支，几乎每个施工阶段都有。做预算时，需要考虑各施工阶段以及可能出现的特殊情况。我将人工费分为以下三个部分。

（1）基础施工费

每个施工阶段都有基础施工费，大部分会按照"米""平方米""套数"等单位来计算。也有一些人工是按"天"来计价的，工程需要几天，要提前商量好，最好落实在订单或合同上。另外，如果有高空作业的话，那么会额外增加费用。

（2）搬运费

很多大件、比较沉的材料，比如瓷砖、石材等，都会额外收取搬运费。水泥、砂子等袋装材料，一般会按"袋"收取搬运费。购买材料之前一定要问清楚，或者跟商家沟通好，让其免费送货上门。

（3）特殊加工费

除了施工费、搬运费，有些会涉及特殊的加工或施工工艺，工人会额外收取一部分人工费。比如水电施工中，安装中央空调要单独走线；如果家里用燃气热水器，那么还会做大循环系统，水电改造前最好谈好打包价。

中央空调的走线会单独计费

8　附加费用

除了上述七大类费用，还有第三方费用，比如设计费、监理费、保洁费、垃圾清运费等。如果有，则需要将这部分预算也做进表里。另外，要问清楚垃圾清运费有无距离限制。还有一项不可忽略的费用——材料耗损费，在工人施工过程中，不可避免会有一定程度的损耗，在预算时要把这部分费用算进去，一般按材料费的 3% ~ 10% 进行估算。

 小提示

可以请第三方监理监工

如果自己不懂装修，不知道如何判断施工是否标准的话，则建议请第三方监理，千万不要用装修公司自带的监理。第三方监理还是比较负责的，可以帮你做阶段性验收，甚至会在施工时亲自到现场帮你抽查和监督。

按照上面的八大类别，我整理了一个详细的预算表，供大家参考。

装修预算表

项目	细分	品牌	单位	单价	数量	购买渠道	预算价格	实际价格
硬装主材								
电路	电线		卷					
	电管		米					
	网线		米					
	电视线		米					
水路	给水管		米					
	排水管		米					
	接头/三通		个					
	存水弯		个					
瓷砖	厨房墙砖		块					
	厨房地砖		块					
	浴室墙砖		块					
	浴室地砖		块					
	客餐厅地砖		块					
	卧室地砖		块					
	阳台地砖		块					
地板	客厅		平方米					
	卧室		平方米					
乳胶漆	底漆		桶					
	面漆		桶					
吊顶	石膏板		张					
	木龙骨		根					
	轻钢龙骨		米					
	铝扣板		平方米					

续表

项目	细分	品牌	单位	单价	数量	购买渠道	预算价格	实际价格
门、窗	木门		套					
	玻璃门		套					
	推拉门		平方米					
	隐形门		平方米					
	防盗门		套					
	窗户		套					
	纱窗		个					
	内倒		个					
	窗口		平方米					
	垭口		平方米					
石材	窗台石		米					
	过门石		米					
	背景墙		平方米					
	石基		米					
洁具	浴室柜		套					
	坐便器		个					
	花洒		个					
	浴缸		个					
	淋浴房		平方米					
开关	单开 / 双开		个					
	空气开关		个					
插座	普通插座		个					
	轨道插座		个					
	隐形插座		个					
	地插		个					

续表

项目	细分	品牌	单位	单价	数量	购买渠道	预算价格	实际价格
五金	地漏		个					
	角阀		个					
	球阀		个					
	水槽		个					
	龙头		个					
	置物架		个					
硬装辅材								
基础材料	水泥		袋					
	砂子		袋					
	砖		块					
墙面	墙固		桶					
	腻子		袋					
	挂网		平方米					
防水	防水涂料		桶					
美容	玻璃胶		支					
	美缝剂		支					
其他辅材	踢脚线		米					
	隔声棉		包					
	止逆阀		个					
	防锈漆		桶					
固装家具								
橱柜基础	柜体		延米					
	门板		延米					
	台面		延米					
	铰链		个					
	包管		个					
	水槽加工		个					

续表

项目	细分	品牌	单位	单价	数量	购买渠道	预算价格	实际价格
橱柜增项	抽屉		个					
	拉篮		个					
	拉手		个					
	切角		个					
	见光板		平方米					
衣柜书柜	柜体		平方米					
	门板		平方米					
	见光板		平方米					
	抽屉		个					
	衣杆		个					
	拉手		个					
	铰链		个					
	玻璃门		平方米					
	拉直器		个					
	反弹器		个					
软装家具								
客厅	沙发		米					
	茶几		个					
卧室	床 / 床头柜		套					
	床垫		个					
	梳妆台		个					
	衣柜		个					
书房	书柜		套					
	书桌		个					
	办公椅		个					
餐厅	餐边柜		套					
	餐桌		个					
	餐椅		个					

续表

项目	细分	品牌	单位	单价	数量	购买渠道	预算价格	实际价格
家电设备								
大家电	空调		套					
	冰箱		个					
	电视机		个					
	洗烘机		套					
	热水器		个					
	集成浴霸		套					
	抽油烟机/灶具		套					
	净水机		个					
	洗碗机		个					
	消毒柜		个					
	垃圾处理器		个					
小家电	电饭煲		个					
	空气净化器		个					
	蒸烤箱		个					
	微波炉		个					
	饮水机		个					
	吸尘器		个					
	扫拖一体机		个					
	投影仪		个					
风暖	地暖		平方米					
	新风系统		套					
智能设备	电动窗帘		套					
	智能音箱		个					
	智能门锁		个					
	智能灯		个					
	智能开关		个					

续表

项目	细分	品牌	单位	单价	数量	购买渠道	预算价格	实际价格
软装配饰								
灯具	吸顶灯		个					
	吊灯		个					
	射灯		个					
	筒灯		个					
	壁灯		个					
	落地灯		个					
家纺	窗帘		米					
	枕头		个					
	抱枕		个					
	地毯		平方米					
装饰品	绿植		个					
	装饰画		个					
人工费用								
拆建	砸墙		平方米					
	砌墙		平方米					
	开门洞		个					
	旧材料拆除		平方米					
水电基础	基础电工		点位					
	基础水工		平方米					
	地暖铺贴		平方米					
	打孔		个					
水电增项	改下水		个					
	增加零线		点位					
	中央空调单独走线		米					
	燃气热水器大循环		米					

续表

项目	细分	品牌	单位	单价	数量	购买渠道	预算价格	实际价格
瓦工基础	地面找平		平方米					
	瓷砖铺贴		平方米					
	防水标准		平方米					
瓦工增项	墙砖薄贴		平方米					
	防水升级		平方米					
	隐形地漏		个					
	瓷砖美缝		平方米					
	封阳台		平方米					
	建楼梯		踏步					
木工基础	吊顶		套					
	窗帘盒		平方米					
	地板铺设		平方米					
	安装踢脚线		米					
木工增项	开灯槽		平方米					
	地板异型铺贴		平方米					
	隐形踢脚线		米					
	背景墙		平方米					
	打柜子		平方米					
油工基础	墙面找平		平方米					
	基层处理		平方米					
	刮腻子		平方米					
	刷乳胶漆		平方米					
油工增项	非亲水腻子		平方米					
	多颜色涂刷		种					
	粘贴墙纸		平方米					

续表

项目	细分	品牌	单位	单价	数量	购买渠道	预算价格	实际价格
附加费用								
设计费			平方米					
监理费			平方米					
保洁费			平方米					
垃圾清运费			平方米					
空气质量检测费			检测点					

大家按照这个表格，把市场调查的结果填充进去就可以了。这不仅对自购材料的业主有很大的帮助，就算找装修公司来装，也可以提前对各部分总价做到心里有数。

 小提示

若预算不足，则可以舍弃一些项目

在预算不足的情况下可以舍弃一些项目，提前在表格中用带颜色的底色标注出来，采购时先买不带底色的。

做预算时会遇到哪些圈套？

1　做预算时容易忽略的地方

做预算时我们容易忽略一些细节问题，这会导致实际花销和预算出入较大。

（1）预算做得不够细致

尽量将每一项费用都考虑进去，包括各类材料费、人工费、配件费等，不能只是简单地把整体预算分成几大类，比如硬装占比、软装占比等。

（2）预算做得太低

为了控制预算，而将预算做得比较低，但实际装修过程中可能会遇到一些特殊情况或需要升级材料，甚至忍不住买了昂贵的材料，导致不得不超出预算。

（3）忽略品牌型号

做预算时没有把品牌型号写进去，等到购买时，装修公司原本承诺的品牌型号被替换成不符合预期的产品。

（4）替换同等级别的材料

签合同时一般会有一条"原品牌材料没货时，乙方可以更换相同等级的材料"。签约时觉得没问题，但很多时候会替换成你不知道的品牌，有的乙方还故意设立"自创品牌"，反正你也查不到。

升级进口板材或五金会额外增加预算

（5）遗漏辅材

每个装修阶段都会涉及辅材，而做预算时大多数业主会把心思放在主材上，从而忽略了辅材。比如穿线管，是必不可少的水电辅材。

（6）不熟悉施工工艺

如果业主对施工工艺不了解，也会导致预算做得少。特别是一些新型工艺手法，工人的费用会增加，所以做预算前要了解每个施工环节的工艺。

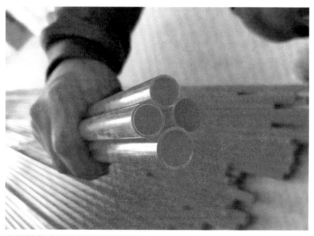

穿线管的主要作用是保护电线

中央空调的室外机需要架子（我们做预算时常忽略这一项）

2 报价陷阱

你是否遇到过这样的情况：签合同之前明明谈好了合适的价格，却在施工过程中被频繁地增项加价。加钱的话觉得自己是个"冤大头"，不加的话对质量又不放心，于是经常处于两难的境地。这都是因为你没有识破商家的报价陷阱。如果提前做好功课，在报价的时候多问一句，那么他们设下的陷阱就不攻自破了。

（1）超低单价

当对方报出一个很低的单价时，我们往往会很开心，但按照总价计算却是一笔不小的费用。所以在了解单价后，还要弄清楚对方计算总价的方式。

（2）重复计算费用

我们在预定装修工程时，经常会按照包工包料的方式来报一个总价，但在施工的时候有些工人会再额外收取一定的费用，其实原本套餐里面已经包含了这笔费用。比如在安装地板时，工料费里是包含地板钉费用的，但有些工人会在现场又找你收一次。为了避免这类问题，一定要在前期沟通时就确认好，并写进合同里。

（3）故意多计算

很多施工工费都是按照面积来计价的，比如瓷砖、地板等。有些工人经常在计算面积时故意多计算，如果你自己不核算一遍，就会被他们蒙骗，所以只要涉及单价计算的，最好自己先算一遍，防止踩"坑"。

（4）工程量设圈套

涂刷乳胶漆的时候按面积计算，但有些工人在计算费用时，不会减去门、门洞和窗户的面积，这样费用就会比实际的多。

（5）故意漏项

很多装修公司用低价套餐吸引业主，并在他们的报价单里故意漏掉几个必要项目，等到后期施工的时候再增加费用。

❈─── 本章小结 ───❈

◎了解预算在整个装修环节中的重要性，并在明确个人需求的基础上，对房子进行合理规划，对建材市场进行详细考察，这样才能制定出更合适的装修预算方案。

◎详细拆分预算类别，列出每个类别的细分项，让实际花销更接近预算，做到不超预算或少超预算。

◎深入了解基础费用和额外增项费用，以及商家的计价方式，便于在购买材料和施工时提前预警，不被他们的"圈套"掏空荷包。

第**2**章

省设计

有必要请设计师吗？
户型改造有多少"坑"？
摒弃一切花里胡哨的设计

做完预算，开始装修前我们首先要考虑设计。要不要请设计师？设计师能给我们提供哪些帮助？怎么找到适合自己的设计师？本章我们就来探讨一下装修中的设计问题，希望在提供灵感和帮助的同时，为你省下一笔钱。

有必要请设计师吗？

很多业主会有这样的疑问：装修一定要请设计师吗？自己设计行不行？我认为请设计师不是必选项，可以根据自身情况自由选择。

1 自己设计和请设计师设计

（1）分析判断自身情况

有经验：我对新家的规划和布局非常清晰，想要什么风格也很明确，有很强的审美能力，不需要他人给予过多建议。

低预算：我的预算很低，只需满足基本的居住功能就可以，不需要特别的设计，也没有多余的设计费。

仅简装：我家房屋结构和采光都非常合理，不需要改变布局，没有过多改造的地方，简装一下就好。

小改动：我的房子是精装修，打算小面积改造，例如单个房间或局部区域，可以自行规划，不需要请设计师。

有能力：我具备一定的设计能力，也会画设计图。

有强烈的个人喜好：对自己的装修有明确的喜好和想法，非常在意装修细节，愿意自己主导整个过程。

如果满足以上六条中的任意一条，那么你完全可以自己设计，不必单独再花一笔钱。如果你对装修没有经验，不确定如何实现自己的想法，或者需要进行大规模的改动，且对空间布局、材料选择和设计风格等不熟悉，那么建议请一个专业且靠谱的设计师。

（2）请设计师的优势

专业知识和经验：设计师拥有丰富的知识和经验，特别是在空间布局、材料选择、风格设计、色彩搭配等方面，能根据你的需求和预算定制专属的设计方案，帮你规避一些常见的装修误区。

创意想法：设计师可以给出一些有创意的想法，为你提供新颖、独特的设计方案，使你的家居环境更加个性化。

优化空间：设计师能最大限度地帮助你优化空间，确保每个区域都得到合理利用，增加空间的实用性和舒适性。

控制预算：设计师可以帮助你做出合理的预算规划，并在整个装修过程中进行监控，避免不必要的浪费。

由此可见，设计师可以为你提供专业、有创意、高效的设计方案，能帮助你打造理想的居住环境，并且让整个装修过程更加顺利。

2　如何选择设计师?

当我们确定要跟设计师合作后，要怎么选择适合自己的设计师呢？现在室内装修主流设计师有四大类。

（1）装修公司的免费设计师

有些装修公司会提供免费的设计服务，但需谨慎对待。这些设计师更像装修公司的销售人员，他们只会提供基础的设计服务，没有个性化的定制和专业建议，且在后续的装修中缺乏跟进，无法在施工过程中提供指导和监督。如果你找了这样的设计师，那真是既多花了钱还享受不到应有的服务，甚至可能在装修过程中屡屡"翻车"。

（2）装修公司的收费设计师

有些装修公司的设计师按照级别收费，级别越高收费越贵。设计师会获得基础设计费用的提成，除了基础设计，他们同样会靠后期推销的增项费用挣钱。这类设计师提供的方案通常是公司的模板，缺乏个性和创意。他们会将模板套用在不同业主身上，甚至连设计图都是助理画的，无法保证跟进装修过程。如果你对装修要求不高，也有一定的预算，那么可以在口碑好的装修公司中选择一位靠谱的设计师，只是需要自己多上点心，特别是对那些增项内容。

（3）独立设计师

如果你对装修要求较高，那么建议你选择独立设计师。这类设计师通常具有专业的知识和丰富的经验，能够提供个性化的设计方案和建议。他们熟悉施工流程和工艺，可以全程跟进装修过程，确保顺利交付。在选择独立设计师时也要多对比，毕竟现在小型设计师工作室越来越多，有的设计师能力有限。独立设计师的费用比装修公司的设计师费用要高一些，但从能够给到的服务和结果看，还是比较划算的。

（4）专业设计大师

这类设计师在设计领域非常出色，通常是团队合作。他们的设计想法独特创新，收费较高，是普通家庭无法接受的。

四类设计师对比

类别	特点	推荐指数
装修公司的免费设计师	以销售为主，不能提供个性化服务	★
装修公司的收费设计师	设计方案缺乏个性和创意，适合对装修要求不高的业主	★★
独立设计师	能够提供个性化的设计方案和建议，设计费较高	★★★
专业设计大师	设计能力突出，设计费高	★

 小提示

选择设计师时要综合考虑预算和需求

提前了解设计师的经验和口碑是很有必要的，此外，还要特别关注设计师的专业能力、责任心和沟通能力。选择一位合适的设计师，有助于装修顺利完成，得到满意的结果。在与设计师沟通过程中，我们可以通过了解他们的设计项目，观看他们的设计作品，或直接与他们交流来评估其综合能力。

3　设计图包含哪些内容?

在设计住宅的时候,光有设计想法是不够的,最终的施工还需要设计图来规范。这些装修设计图共同构成了一个完整的装修设计方案,通过这些图纸,设计师能够将自己的设计理念传达给业主和施工方,并指导装修项目的实施。

常见的设计图纸

类型	介绍	图示
平面布局图	装修设计的基础,显示空间布局,包括墙体、门窗位置,家具摆放等信息,能够直观地展示整个房屋的格局和功能分区	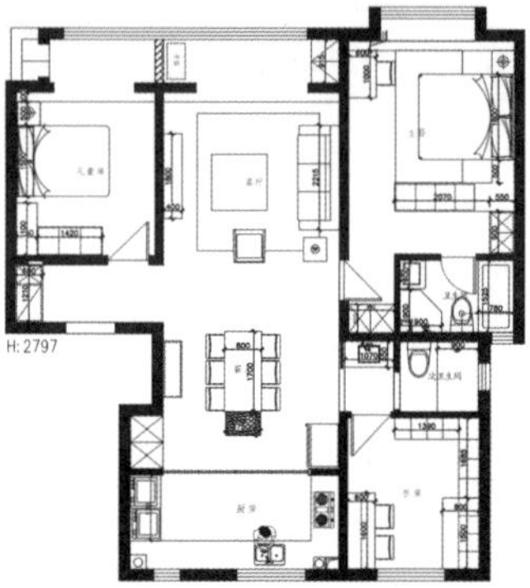
3D 效果图	通过逼真的图像呈现装修后的效果,让业主更好地理解设计师的意图,并对最终效果有直观的感受	
水电施工图	房屋内部的水电管线布局,分为电路施工图和水路施工图两部分。电路施工图指明了强弱电路、开关插座布置和灯具位置。水路施工图包括各个区域的用水、排污管线布局,比如厨房、卫生间等	

续表

类型	介绍	图示
吊顶施工图	展示了各区域的吊顶造型，包括吊顶尺寸、灯具位置和吊顶高度等，以确保吊顶施工符合设计要求，并使灯具等顶部设备安装位置准确	
全屋定制设计图	包含全套定制产品的设计图，有效果图、空间布局尺寸图，以及每个定制产品的内部结构图和尺寸图	

小提示

认真审核设计师绘制的施工图

　　制图环节是很重要的，如果画图时尺寸或布局出现了错误，就会导致之后的施工出现问题。所以，当设计师完成绘图后，我们一定要仔细审核几遍，再交给施工方。

户型改造有多少"坑"？

1　拆改的必要性

有些装修会涉及墙体拆建，墙体拆建的位置会直接影响我们的入住体验，空间、采光等都跟它息息相关，一旦出现问题，后期想改会非常麻烦。因此，装修前应考虑墙体拆改的必要性，以及拆改能带来哪些增益效果。

（1）增大空间

拆改的目的之一是满足日常生活需求，对不合理的房间进行改造。例如，合并或划分房间，根据家庭成员的情况进行灵活改造，提高居住舒适度和空间利用率。

拆除厨房和洗衣房中间的墙体，扩大厨房面积

（2）改善采光和通风

采光是影响居住质量的重要因素之一。若某些区域存在采光不足的问题，则可以通过拆除墙体或增加窗户等方式，让更多的自然光进入室内，提高居住环境的明亮度。

通风状况对室内空气质量和舒适度有重要影响。可以通过拆除隔断改善室内通风条件，减少室内某些区域的潮气和异味。

将洗手盆旁边的厚墙换成长虹玻璃隔断，改善该区域采光

拆除隔断，改善两个卧室的通风条件

（3）优化布局

有些房子原始布局不合理，可以通过拆改来调整，使空间更加合理，比如增加储物空间、划分私密区域等。

用衣帽间将床和卫生间分开，将靠床一面做成装饰面

2　拆改的注意事项

（1）不能拆承重墙

承重墙是支撑整个房屋结构的重要部分，拆除承重墙会导致房屋结构不稳定，带来严重的安全隐患，还会承担相应的法律责任。拆改之前要找物业获取承重墙示意图，避免拆除承重墙。

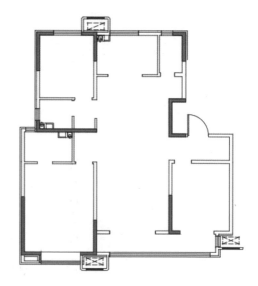

黑色实心部分是承重墙

（2）核对拆改标记

拆改之前要跟工长或负责拆改的工人沟通好，对需要拆除的墙体进行标记，避免施工时少拆或错拆。

（3）做好保护工作

要对屋内设备进行保护，比如水电表、燃气表、自来水管、暖气管道等，避免砸墙时碰到，导致损坏。还要注意保护地漏，防止装修垃圾掉进去，堵塞下水管道。

标记要拆的部分

（4）及时清运垃圾

拆改会产生大量的垃圾，一定要及时处理，让工人清运至小区物业指定的地点，不要随处乱扔，以免给邻居造成出行不便。

对设备进行保护，防止磕碰

3 改造中遇到的"坑"

很多设计师特别喜欢做老房改造的项目，因为装修完成后非常有成就感，特别是当改造前后的对比图出来之后，感觉自己就像一个魔术师，把"灰姑娘"变成了"美丽公主"。但你会发现有些情况只是为了改造而改造，既增加装修费用，还不实用。

（1）大面积拆改

有些设计师不管拿到什么户型图，都是先把能拆的墙都拆了，光拆墙部分，业主可能就要支付大几千甚至上万元的费用，但有些拆改根本没必要。有些业主买到二手房，会把旧的装修全部砸掉。其实大可不必，先不说有些原始材料其实并不旧，就算很旧了，也完全可以翻新和改造，并非只能拆、砸。此外，大面积拆建墙还有一个弊端——涉及墙面的连接处理问题，一旦处理不好，后期就容易出现裂缝。

（2）壁龛设计

壁龛深受大家喜爱，但做壁龛是一件费力不讨好的事情。一方面做壁龛要在卫生间建一层厚厚的墙壁，然后挖空局部，这会让原本空间并不富裕的浴室更显局促。另一方面，由于壁龛设置在淋浴旁，淋浴时会有大量水渍溅到壁龛里，容易积水和发霉，清理起来十分麻烦，尤其是边角地带。还是置物架更为实用，如果你怕置物架用久了会变色，那就选择免打孔置物架，旧了随时更换。或用长虹玻璃材质的免打孔物架，好打理，用水一冲就干净了。

长虹玻璃置物架

4 花样空间改造设计

（1）在家里装个小花园

如果阳台对你来说没有特别的用处，就利用阳台打造一个小型花园，一定会为生活增添乐趣和绿意。如果没有阳台，那么在家里的角落打造小植物角也可以。

（2）给宠物安个家

有的业主会养宠物，如果空间允许，那么可以单独设置一个小房间，方便查看宠物的状态。想要增加趣味性，还可以在家里给宠物装上小型门洞，通过它可以跟宠物互动，非常有趣。

朋友家的小植物角，很有氛围感

（3）独特的工作室

手账博主阿怪有专门的手账工作室，最抢眼的是那张圆弧形的桌子，以及满墙的玩具展示区和手账素材收纳区。如果你也想拥有办公区，就给自己设计一个别样的工作室吧！

宠物博主大圆子专为猫咪装的小型门洞

手账博主阿怪的工作室

摒弃一切花里胡哨的设计

装修中越花哨的东西价格越贵，有些设计师或商家会专门给业主推荐这些花哨的设计，既不经济又不实用。

1　如何避免选择花里胡哨的设计？

（1）吊顶宜简洁大方

吊顶是装修中很花钱的一项工程，很多人觉得吊顶越复杂越好看。其实并不是，有些复杂的吊顶反而更容易过时。建议吊顶做简单的样式，特别是净高有限的房子，吊顶越简单，房子越显大。

现在流行的无主灯悬浮吊顶，让人觉得很酷炫，但如果你家净高没有达到3 m，则不建议做，因为悬浮吊顶要下吊一部分，会让房间显得十分压抑。也不建议做灯池吊顶，既不便打理，又很容易过时。不如选一个造型简单大气的吊灯作为主灯，不喜欢了随时更换。

吊顶越简单，空间显得越大

（2）背景墙适当留白

有些业主装修时总想把家里的空白墙面都填满，觉得只有这样才能达到装修效果，但可能花很多钱打造的背景墙两三年就过时了，想改又要付出极大的人力和成本。建议让家适当留白，不一定非要塞得满满当当，因为我们的喜好会随着流行元素的改变而改变。

装饰画非常实用，也便于后期替换　　背景墙留白，彰显高级感

（3）慎选硅藻泥

硅藻泥由天然硅藻土制成，环保健康，吸湿性良好。它的缺点也很明显：首先，价格比普通材料贵；其次，工艺复杂，非常考验施工工人的技术水平；再次，不耐刮，表面比较柔软，容易被尖锐的物品划伤；最后，表面极易吸附灰尘，需要定期清洁和保养。因此，我们可以选择其他材料代替硅藻泥，比如壁纸、水性漆等。

硅藻泥墙面很容易有划痕

（4）少做艺术性隔断

为了让家与众不同，设计师会建议做一些充满艺术性的元素，比如花哨的隔断，用马赛克瓷砖或玻璃砖作为装饰。做完之后效果确实不错，但后期的清理和维护会花很多时间和人力成本，特别是马赛克砖和玻璃砖的边角缝隙处。如果你不是很勤快的人，则不建议这样做，可以替换为简单的玻璃隔断或窗帘。

（5）开放柜的实用性并不强

当在网络上看到开放柜的效果图时，我们很容易动心，但我们忽略了频繁做卫生这件事。另外，设计图之所以好看，是因为开放柜上摆放的物品都是精心设计的，如果你家柜子里摆放的物品没有设计感，或者不整齐，那么还是做个柜门藏起来吧。

简单好看的长虹玻璃隔断

经过设计后的开放柜

2　关于省钱的设计巧思

摒弃了以上设计的"坑"后，再来看看下面这些实用又省钱的设计。

（1）巧用轨道插座

电路改造时，点位越多，价格越高，一般每个点位要花 120 ~ 200 元。在插座比较密集的区域，比如电视柜区、厨房、办公区等，可能需要五六个插座，甚至更多。建议在这些区域装一个轨道插座，长 50 cm 的轨道插座上面有 5 ~ 7 个插座，价格在 300 元左右。如果按照点位计算的话，要将近 1000 元。轨道插座不仅省钱，还可以根据实际需求自由调整插座位置。

轨道插座的妙用

（2）定制极简书桌

在做全屋定制时，可以顺便让商家帮你做一个极简书桌。定制柜一般是按照面积计算的，桌子不像柜子，只有三个面，比较省板材，总价不会很高。我仔细计算过，定制桌子的价格比成品书桌便宜至少一半。如果定做双人书桌（桌面较长），上面会放电脑或图书等比较重的物品，那么一定要在书桌下方加金属三脚架作为支撑。

打造性价比超高的双人书桌

桌子下面用三脚架固定支撑桌面

（3）用收边条代替过门石

现在很多家庭已经不做过门石了，而是用收边条。过门石价格高，还有划分空间的弊端，而收边条可以起到连接空间的作用。

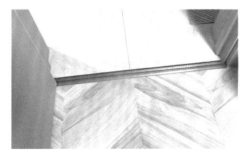

用收边条代替过门石的效果

（4）用玻璃代替新砌墙体，改善卫生间采光

一般来说，浴室空间比较小，想要对其扩建，就要拆掉原本的墙体，重新砌墙。你可能不知道拆建项目中拆墙费用是比较便宜的，但砌墙费用比较贵，因为涉及工料、人工费。这时可以用防爆玻璃代替墙体，不仅性价比高，还能改善采光，让暗卫变得更加亮堂。

这边跟卧室门齐平

这边跟大门齐平

暗卫改半明卫，美观又实用

3　极致利用空间的设计

（1）简单改造不合理的空间

我家原户型里有一个缺口，原设计是放置冰箱。我直接做成了零食柜，一半放零食饮料，另一半放猫咪的食物。零食柜没有拉手，与旁边的墙形成整体。此外，因为这个柜子比较深，所以我采用滑轨搭配收纳盒的形式，加装了轨道拉篮，充分利用了内部空间，还用伸缩杆拓展了上层空间，这比定制大拉篮更省钱。

冰箱室变成零食柜

（2）改变卫生间布局，放置浴缸

如果你也爱泡澡，那么可以参考我的改造方案。把原本的洗手盆外移，做干湿分离，然后拆掉干湿分离中间的一小段墙体，做成长虹玻璃。这样原本洗手盆的空间加上因厚厚墙体改成薄玻璃而挤压出的空间，刚好可以放下大浴缸。

这里原本是"墙"

改变卫生间布局，放下大浴缸，提升生活品质

（3）在阳台设置家政柜

不是人人家里都有家政间，如果没有，那么我们可以选择某个未被利用的角落，自己造一个。大多数阳台就有这样的空间，做一个定制柜，打造出专门用来放家务用品的地方。柜体内部下面用塑料抽屉分类收纳小物件，上面用洞洞板收纳常用工具，其他搁板用来收纳纸类用品。每次做家务或需要使用工具时，可直接去家政柜取。

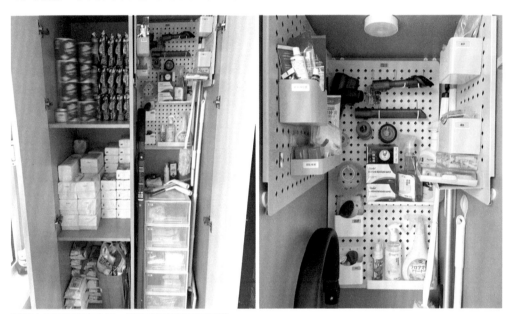

利用小柜子打造家政间，缝隙处还能放下折叠梯

（4）用衣杆代替搁板

全屋定制的计算方式一般分为投影面积计算法和展开面积计算法。如果你选择的是按展开面积计算的话，那么做过多搁板就非常不明智。用搁板来收纳衣服，不仅会浪费空间，还会出现抽取下面的衣服时上面的衣服倾倒的现象。建议加装衣杆，把衣服全部挂起来，节省平日叠衣服的时间，选择衣服时也会更加高效。

把衣服都挂起来，一目了然

（5）极窄空间的利用

我家的洗手盆与衣帽间相连，中间有一个10 cm宽的缝隙。于是我做了一个极窄侧边柜，用来放置一些小收纳工具，可收纳头饰、梳子、吹风机等，使用起来非常便捷。

极窄空间收纳，利用挂杆收纳发箍正合适

 小提示

收纳本身是一门学问

我们可以在居住的过程中慢慢学习和规划自己的空间，从而达到充分利用空间的目的。

❧── 本章小结 ──❧

◎是否请设计师？如何选择适合自己的设计师？本章给出了不同的方案和参考建议，以便在设计阶段做出合理的选择。

◎空间改造是装修的一大难题，稍有不慎就会掉进"坑"里，此时应注重平衡美观性和实用性，不可盲目追求花哨的设计，避免在改造中遇到常犯的错误，增加不必要的开支。

◎根据自己的需求和生活方式来装修，使房屋功能得到最大限度发挥，既节省开支，也让居住环境变得更加舒适。另外，如何有效利用空间也是很重要的，只要多跟设计师或身边人沟通，就能获得很多极致空间利用的灵感。

第 **3** 章

省材料

如何挑选装修材料？
购买材料有哪些省钱技巧？
逛建材城和网购，哪个更好？

经过了前面的预算准备、设计师筛选之后，正式进入材料挑选环节。装修材料品种多样，五花八门，在没有做足功课之前，不建议随意购买，不然很可能买贵了，或因贪便宜而买了次品。所以在逛建材市场的时候一定要擦亮眼睛，不要被宣传的噱头唬住。

如何挑选装修材料？

挑选材料之前很重要的一个环节就是逛建材市场，对市场行情进行摸底。很多业主花重金买了房子，装修时在材料上面能省则省，什么都买便宜的，这是不可取的。在了解了建材市场之后，我们要尽可能挑选性价比高的材料，这样能够大大节省预算。我将装修材料分成九类进行详细说明。

1 水电材料选购

水电工程是装修工程的基础。很多业主觉得只要找一个靠谱的水电工长就可以了，实则不然。不同工种的工人或工长会长期跟某些品牌有深度合作关系，他们推荐的品牌或许没有太大的质量问题，但无法保证是性价比最高的。所以在挑选材料时，我们要多了解一些信息，并加以对比，选择出适合自己的材料，争取做到节省成本。

（1）电路工程材料

电路工程材料主要包括电线、电管、网线、开关、插座等，这些是房屋装修不可或缺的。再加上是隐蔽工程材料，后期维修成本较大，所以质量非常重要，一定要谨慎挑选。

● 电线

目前常用的是塑铜线，也就是 BV 线。之所以选择 BV 线，是因为它具有导电性能好、不易氧化、使用寿命长、稳定性高等特点。另外，BV 线比 BVR 线质量好、价格便宜，所以是很多家庭装修时的首选。

为了避免选错材料带来的预算损失，购买电线时要特别注意包装上的生产许可证、规格、型号和颜色。电线的线芯规格不同，应用场景也不同，各应用场景如下页表所示。

各种电线

电线的线芯数和应用场景

线芯规格	应用场景
1.5 mm²	常规的灯具照明
2.5 mm²	普通插座
4 mm²	冰箱、空调、热水器，以及厨卫空间中的大功率家电设备
6 mm²	中央空调等超大功率电器
10 mm²	入户电线

　　选对线芯的规格，才不会在后期的使用过程中出现问题。如果线芯规格买小了，当大功率用电的时候就很可能频繁跳闸。盲目追求大的线芯数目，则比较浪费。

　　另外，电线有不同的颜色，不同颜色代表的含义也不相同。一般红色或棕色常为火线，黄绿色常为地线，蓝色或黑色常为零线。除了看清规格，还有一些省钱小技巧，下表列出三个供大家参考。

购买电线时一定要看清规格

电线使用的省钱技巧和注意事项

项目	省钱技巧
品牌选择	为了达到省钱的目的，我们需要提升材料的性价比。在购买电线时，无论是国产品牌还是进口品牌，大多数质量都是不错的，但是进口电线的价格要远高于国产电线，性价比并不高。在普通家装环境中，好一点的国产品牌绝对够用
电线长度	正常情况下，电线都是按卷卖的，每卷 100 m。应提前计算好用量，购买时一定要亲自检查一下，不要付了钱，却没有买到足量的材料
局部更换	若不是特别老旧的房子，购买电线之前可以先找电工评估一下房屋的整体情况。如果部分电线仍然可以使用，则考虑保留，以减少新电线的购买量，这也是节省成本的一种方法

小提示

家庭网络用线可选择六类线

如今家庭中上网设备比较多，五类线自然是不够用的，家庭用网可以选择六类线。六类线的网络性能要优于五类线，传输速率更快，网络更稳定。

● 穿线管

穿线管也叫电管，电线不能直接埋入墙体内，需要穿线管。穿线管是用来包住电线的，主要作用是绝缘、防漏电、防腐蚀，通常采用具有阻燃性的 PVC 线管。有些业主入住一段时间后，触摸墙体时会有触电的感觉，很可能是因为电线外面没有穿线管而发生的漏电现象。穿线管虽然是水电辅材，却是必不可少的家装材料。

穿线管建议买透明的，这样能够清晰地看到里面的电线情况，在水电验收的时候很容易查看。另外，方便后期检修，节省维修成本。

用穿线管把电线裹住更安全

透明穿线管

使用透明穿线管，方便后期检修

●开关、插座

开关和插座也是电路设计的必备材料，同样建议购买知名品牌产品。开关和插座的位置，要在水电施工之前就做好设计和规划，避免入住后出现插座不够用的现象。

开关有单开、双开、三联开、四联开，还有单控、双控和多控，可根据不同需求选择适合的开关。通常我们选择单控开关，如果想要多处控制，就选择多控开关，比如在客厅和玄关同时控制开关、在卧室门口和床头同时控制开关等，这样用起来会比较方便。

普通单控开关和插座

三开的双控开关

 小提示

建议选择超薄平开式地插

大多数地插都比较厚，会突出于地面，家里有老人或小孩的话，会有被绊倒的风险。建议选超薄平开式地插——可以做到跟贴完瓷砖后的高度接近。

不同插座的应用场景及优势

品类	应用场景	优势	图示
带开关的插座	家电区	不用总插拔插头，避免插座损坏；省电，因为插头插在插座上也会消耗电	
带 USB 接口的插座	办公区或沙发旁	办公或娱乐时，方便给手机或其他电子设备充电	
轨道插座	家电密集区	节省增加插座的成本和点位成本，为后续电源设备的增加提供空间	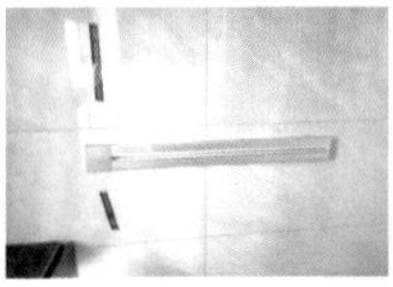
隐形插座	插座前面有遮挡物（比如洗衣机插座在背面，或插座前方有家具遮挡等）	插座凹进墙里，前面有遮挡物时，不会留下缝隙，完美贴合墙面	
地插	不贴合墙面的独立办公桌或餐桌	方便办公用电，不用从墙面引出插线板；用餐时，为吃火锅、烧烤等活动提供方便	
夜光插座	卧室或走廊	便于夜晚或在黑暗中识别插座位置	

（2）水路工程材料

水路工程同电路工程一样重要，涉及用水健康问题，所以选择材料的首要考虑因素就是用水安全。水路工程涉及的材料有给水管、排水管和各类连接件。

● 给水管

给水管常用抗菌的 PP-R 材质，强度高，耐腐蚀，不容易凝结水垢，可确保我们日常的用水安全。不要选用铸铁管或 PVC 管，铸铁管容易生水锈，PVC 管对健康有一定的影响。为了方便验收，给水管有时会通过颜色区分，红色是热水管，蓝色是冷水管。

给水管常见的有 4 分管和 6 分管，4 分管的外径是 20 mm，6 分管的外径是 25 mm。如果居住楼层较高，那么建议用 6 分管，不然可能会产生水压不够、水上不来的情况。若楼层不高或者居住在别墅，则厨卫的总路可用 6 分管，分路用 4 分管。布置水管也属于隐蔽工程，后期维修非常麻烦，所以应尽量选择大品牌、质量好、使用寿命长的水管材料。

冷热 PP-R 给水管

● 排水管

排水管中性价比比较高的是 PVC 管，一般为白色或浅黄色，主要用于排放污水。

● 水路连接件

除了给水管和排水管，用于管道连接的连接件也是十分重要的。连接件的种类有很多，常用的如右页表所示。

常见的水路连接件

品类	细分	用途
直接	等径直接、异径直接	水管常规连接
	内丝直接、外丝直接	水管末端或阀门处连接
弯头	90°弯头、45°弯头、内丝弯头、外丝弯头	水管拐弯处连接
	过桥弯头	水管十字交接处连接
三通	等径三通、异径三通、内丝三通、外丝三通	三向水路交接连接
阀门	角阀、球阀	用于控制水量的大小
	脚踏式、旋转式、按键式	常用于坐便器下水控制
存水弯	P形、S形、U形	存水、排水和防臭

这些连接件没有固定品牌，只要在正规的材料店购买，质量都没有太大问题。因为是小五金件，一次性购买数量较多，为了避免数量计算不准确，频繁跑去购买，最好让水工师傅列个清单，按清单数量采买。

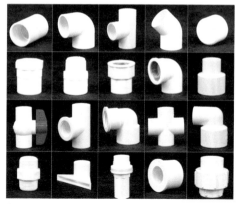

各种水路连接件

2 板材选购

板材在装修材料中有着不可忽视的地位，是除水电工程外用料最多、最广的家装材料。家居装修的很多地方都会用到板材，比如吊顶、地板、家具、隔墙、背景墙、榻榻米等。

（1）吊顶材料

● 石膏板

吊顶材料主要有石膏板、龙骨、石膏线和铝扣板。家庭装修中多用纸面石膏板，其具有质轻、隔声、隔热、防火的属性，自身也比较容易加工，但尽量不要将其用在厨卫空间，因为其防水性、防潮性较差。

石膏板除了用于顶部，也可以直接做非承重隔墙，比砖墙更经济，且易施工，缺点是隔声性较差。如果是自家的隔墙，家里不太吵，对隔声没有特别高的要求，那么推荐这种方式，性价比较高。

纸面石膏板性价比较高

● 龙骨

龙骨作为吊顶的骨架搭建材料，有木龙骨和轻钢龙骨之分。木龙骨价格便宜，应用范围更广，而轻钢龙骨的强度和耐久性更好，使用寿命更长，防震、隔声效果更好。所以如果房子住得比较久且有一定的预算，那么应尽量选择轻钢龙骨。

轻钢龙骨的稳定性更强

●石膏线

除了吊顶必备的石膏板和龙骨，有些偏欧式或法式风格的装修还会用到石膏线。石膏线的主要作用是装饰，多用于吊顶和墙面的造型中。石膏线不易受潮，能够防火、防潮和防虫，而且价格便宜，能提升房子整体装修的质感，但也要注意与风格匹配。不是什么风格都适合安装石膏线，如果风格不搭，则会适得其反。

性价比高的石膏线

●铝扣板

建议厨卫空间选用铝扣板，比起传统的 PVC 扣板，铝扣板除了质地轻、防水、防潮，还具有抗酸碱和耐腐蚀的特点，使用寿命更长，但价格略高。为了整体造型更好看，有些业主会选择蜂窝大板，但板材价格比较贵，预算较高的业主可以考虑。

厨房铝扣板内嵌照明灯

卫生间多用铝扣板搭配集成浴霸

 小提示

厨卫空间吊顶板材颜色宜选浅色

在厨房、卫生间这样的小空间，应尽量选择白色或浅色的吊顶板材，这样空间的延展性比较好。

（2）地板材料

常见的地板有实木地板、实木复合地板和强化复合地板三种，后两者应用较多。实木地板的优点有很多，比如纯天然的纹理，脚感舒适，以及冬暖夏凉，但其价格昂贵，并且日常维护非常费时间，实用性不强。

在预算有限的情况下，实木复合地板和强化复合地板比起来，后者更经济实用。强化复合地板具有良好的防潮性和实用性，性价比较高，所以是大多数家庭的首选。

如果你喜欢那种真实的触感，如木质

实木复合地板

感或温暖感，且预算较充足，那么建议选择实木复合地板。它比实木地板性价比高，花色丰富，而且安装方式简单，不需要打龙骨，在地面找平之后，直接安装即可。

三种地板材料优缺点对比

品类	优点	缺点
实木地板	由天然木材锯切而成，保留了天然的纹理和色彩，自然美观；脚感舒适；保养得好，使用寿命长；有助于保持室内湿度稳定	价格较高；容易受潮、变形，需要定期打蜡和保养；不适用于潮湿的厨房、卫生间
实木复合地板	价格适中，比实木地板便宜，同时保留了部分实木地板的特性；采用锁扣的安装方式，安装相对简单，适合个人操作；表面的保护层提高了地板的耐磨性	如果损坏，则修复比较困难，只能更换整块地板；品控不稳定，价格差异较大，质量参差不齐，对装修新手不友好
强化复合地板	耐水又防潮，可用于潮湿的环境中，如厨房、卫生间等；表面光滑，容易清理，不易沾染污垢；具有多样性特征，可以模拟各种材质，如木纹、石材等	与实木地板相比，不具备天然木材的质感和触感；有些含有人造材料，不如实木地板环保；长时间使用会有划痕，一旦磨损将无法恢复

地板的辅料有地板钉、无头钉、地板胶、防潮垫、龙骨等。选择时不要太过节省，辅料用扎实了，同样可以省下后续更换和维修的费用。

（3）背景墙材料

为了达到良好的装饰效果，很多家庭都会做背景墙，比如电视背景墙、沙发背景墙、床头背景墙。常见的背景墙基材有板材、石材、玻璃等。石材价格较高，而板材施工简单，造型好看，所以很多业主会选用性价比较高的板材。

我们常说的硬包和软包是两种不同的填料方式，都会用细木工板打底。硬包是直接将填料贴在细木工板上，而软包则会填充些海绵类的物质。比起硬包，软包的防撞性、恒温性更强一些，价格也更贵，特别是表面用皮革材质的。

硬包背景墙

软包背景墙

用板材作为基材制作背景墙的注意事项

序号	注意事项
1	应保持板材干燥，避免受潮导致变形或发霉，因此在使用之前一定要对板材进行全面检查，确保其干燥的程度
2	应对板材进行防火和防腐处理，以提高其安全性和耐用性
3	在设计背景墙的结构时，要考虑墙面的承重能力和背景墙自身的重量，确保结构稳固
4	应选择合适的材料颜色和风格，使其与整体装修风格保持一致
5	长时间的阳光直射会导致板材变色或者变形，故应尽量避免背景墙暴露在强烈的阳光下

3　石材选购

（1）瓷砖

现在市场上瓷砖的种类五花八门，让人眼花缭乱。如何选择性价比最优且适合自己的瓷砖，对很多人来说是个难题。瓷砖的主流材质有三种：陶质砖、瓷质砖和炻质砖。

陶质砖吸水率高，大于10%，常见的面包砖就属于这种。陶制砖使用之前是要泡水的，铺贴完后才不会出现空鼓和脱落。购买时问一下商家是否需要泡水，就知道是不是陶质砖了。

瓷质砖吸水率很低，小于等于0.5%，硬度强，耐磨性好，贴在墙上需要采用薄贴工艺。目前市面上一些主流瓷砖种类，我将其特点和应用整理成表格供大家参考。

炻质砖的吸水率介于陶质砖和瓷制砖之间，多为釉面，色彩和花纹比较丰富，大部分是仿大理石花纹。

主流瓷砖种类的细分

品类	特点	应用空间	图示
通体砖	色彩丰富，价格便宜，但花纹较少，不耐脏	厨房、卫生间、阳台	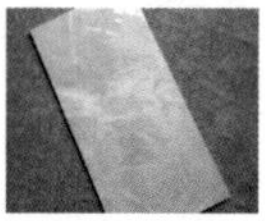
抛光砖	坚硬，耐磨损，防滑性好	客厅、餐厅、走廊	
釉面砖	花纹图案比较丰富，耐磨损度不如抛光砖，价格较高	厨房、卫生间	
仿古砖	是釉面砖的一种，充满怀旧气息，防滑性好	局部区域点缀	
马赛克砖	色彩艳丽，装饰效果突出，硬度较低，不要用于地面，难清洁	厨房、卫生间局部区域点缀	
微晶石	一种微晶玻璃复合材质，质地细腻，应用较少	普通地面、台面，更适合做装饰	

在挑选瓷砖的时候还需要注意以下事项:

● 吸水性

在瓷砖背面洒点水,如果水能快速被吸收,则说明瓷砖吸水率高,铺贴之前需要将瓷砖先进行泡水。全瓷瓷砖吸水率较低,用传统水泥砂浆铺贴后,后期容易热胀冷缩,出现空鼓的现象,所以只能用瓷砖胶来贴。因此,在铺贴时除了本身的施工费,还需要增加薄贴工费,预算有限的业主需谨慎考虑。

● 规格

现在越来越流行大瓷砖,从开始的 900 mm×900 mm,到如今的 700 mm×1500 mm、900 mm×1800 mm、800 mm×2400 mm。如果家里客厅足够大,那么铺大瓷砖会更好看,空间的延伸感更强。如果客厅比较小,铺贴大瓷砖只会让空间显得更局促。因此,不要盲目跟风,要选择自己喜欢的和适合自己的尺寸。另外,瓷砖越大,价格越高,人工费也越贵,应结合预算做出适当的选择。

700 mm×1500 mm 的大瓷砖

● 平整度和防滑性

瓷砖的平整度和防滑性是比较重要的,特别是厨卫空间的瓷砖。在购买的时候可以测试一下,带上水平仪测试平整度,用手摩擦测试防滑性,有些商家也允许进行脚踩试验。

防滑性由好到差排序依次为通体砖、仿古砖、抛光砖、釉面砖。家里有老人和小孩的,要特别注意这个问题。

 小提示

听声音辨别瓷砖的好坏

我们还可以通过敲击瓷砖,听声音来辨别其好坏。声音越清脆,瓷砖硬度越高,质量越好;声音发闷的瓷砖质量就比较差。

（2）挡水条

家里有淋浴间的，一般都会做挡水条，材质要选大理石的，不要选 PVC 的。PVC 的上面无法承受玻璃重量，时间长了会裂开，而且受潮后也很容易发霉和变形。因为挡水条要在铺贴瓷砖阶段就预埋好，所以在瓷砖铺贴之前就要买到适合的长度。

大理石挡水条（预埋石基）

（3）台面材料

常选用石材作为厨房台面和浴室柜台面。厨房应用较多、性价比较高的是石英石台面，而卫生间多用大理石台面或陶瓷一体盆。

大理石比较耐磨，质感强，但需要后期养护。大理石具有天然的孔洞，很容易被污染，不便清理，自身有比较脆弱的特性，平时还要防止磕碰和磨损。这么"娇贵"的石材，实用性不高，加上大理石价格比较贵，所以很多人会选择好打理的陶瓷一体盆。

陶瓷一体盆方便打理

（4）背景墙、地台电视柜

在现代风或轻奢风的家庭装修中，设计师比较喜欢用石材做背景墙，特别是电视背景墙，很多时候还会搭配一个简单的地台电视柜，效果简约大气，也非常美观。

用石材做电视背景墙和地台电视柜效果图

（5）窗台石、过门石

窗台石的主要作用是装饰台面。如果墙壁上刚好铺贴了瓷砖，那么很多人会直接将瓷砖铺贴至窗台上，不会单独再做窗台石了。而现在使用过门石的业主越来越少了，因为费钱还容易过时，不如直接使用极窄收边条，简约美观，还能节省预算。

窗台石

4　涂料选购

涂料里比较重要的是乳胶漆和防水涂料，应尽量选择大一些的品牌，环保性好，售后也比较有保障。

（1）乳胶漆

大多数家庭墙面的装修涂料都会选择乳胶漆，其优点是简单耐看，后期可改造，修饰的空间比较大，环保性比壁纸好。乳胶漆同水电材料一样，没必要一定使用进口品牌产品，现在国产品牌的乳胶漆已经做得非常好了。

乳胶漆要上墙试色

选颜色是乳胶漆选购时很重要的一项工作。很多业主都是通过色卡来选的，我不建议这样做，因为很多品牌色卡上的颜色与实际颜色有较大的差距，最好上墙试色后，再做决定。

乳胶漆选购注意事项

注意事项	内容
环保性	一定要选择符合国家环保标准的乳胶漆，可以通过查看产品的环保认证或检测报告来确认
耐污性	乳胶漆表面应具有一定的耐污性，容易清洁，不容易沾染污垢
耐磨性	良好的耐磨性可以确保乳胶漆在长期使用过程中不容易被磨损
色彩稳定性	乳胶漆的颜色应具有一定的稳定性，不容易因光照或湿气等因素发生变化
黏附力	黏附力要好，涂刷后不易剥落或起皮

（2）防水涂料

厨房和卫生间要做防水处理，防水涂料同样要选可靠品牌的产品，在保证材料质量过关的基础上，再考虑性价比的问题。防水涂料的作用原理是涂料经固化后形成一层防水薄膜，从而达到防渗的目的。

防水涂料有不同颜色，但无论是蓝色、绿色，还是灰色，都只是为了方便验收，并无本质上的区别。

厨房的防水涂料涂刷高度应为 30 cm

卫生间的防水涂料涂刷高度应为 180 cm

（3）墙固、腻子

俗话说墙面"七分底三分面"。对于墙面的装修材料来说，重要的不仅是乳胶漆，墙固和腻子的打底也很重要。建议选择一款质量有保证的品牌腻子。

墙固也叫墙面固化剂，一般涂刷在石膏层和腻子层中间，可以降低墙面开裂的风险。根据面积按需购买即可。

要尽量选择白度为 90% 以上、细度为 330 目以上的腻子。刮腻子的主要作用是墙面基层找平。

进口的耐水腻子

（4）微水泥

微水泥是近几年比较流行的一种材料，很多人被其高颜值、墙顶地一体化效果所吸引。微水泥具有细腻的质感，表面是没有任何缝隙的，而且还具备一定的防水、防霉特性，所以很多业主会将它作为卫生间的材料。

但我不建议使用微水泥，因为它的性价比较低，实用性不强。微水泥对施工的要求非常高，而且不同品牌的微水泥施工工艺各有不同，工费贵。此外，微水泥有更高的开裂风险，其硬度高，对后期的保养和修复都有很高的要求。

各种装修涂料

5 玻璃选购

除了门窗会用到玻璃外，玻璃也会作为装饰性材料，比如玻璃隔断、装饰性玻璃砖等。它不是家居装饰预算中占比很大的一项，却属于"花小钱办大事"的材料。很多时候用一小块玻璃就可以为家增添不一样的质感。

用长虹玻璃做隔断

装饰性玻璃砖

玻璃是比较平价的材料，种类丰富，功能多样。常见玻璃的种类见下表。

玻璃的种类及特点

种类	特点
钢化玻璃	强度高，抗冲击性强，安全性能良好
烤漆玻璃	环保，比较适合现代风格装修
琉璃玻璃	色彩鲜艳，装饰效果比较强，但价格贵
玻璃砖	透光性好，能够防水、隔热，极具设计感和艺术性，但比较难打理卫生

如果考虑功能性，则应尽量选择钢化玻璃。钢化玻璃自身硬度高，不容易被打破，即使出现破损，也会呈颗粒状散落，不会伤到人。辨别钢化玻璃的真假，除了检查商家有无资质证书，最简单的办法就是准备一个偏光镜，如果玻璃上出现了彩色条纹，那就是钢化玻璃，反之则不然。另外，应尽量选择超白玻璃，其内部杂质少，透光性更强。

6　壁纸选购

墙壁的装修材料中除了乳胶漆，用得最多的就是壁纸了。如果你有特殊的风格喜好，且计划搭配偏欧式或法式风格的房子，那么壁纸是绝佳之选。常见的壁纸材质有三种：PVC 壁纸、无纺布壁纸和纯纸壁纸。

常见壁纸的种类及特点

种类	主要特点	图示
PVC 壁纸	防水性较好，比其他壁纸更容易清洁	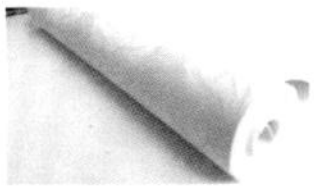
无纺布壁纸	色彩、样式丰富，透气性能强，质感较好，更加环保，比传统壁纸更不容易发霉	
纯纸壁纸	色彩还原度高，颜色饱满，环保性能好，但不防水，也不耐擦洗	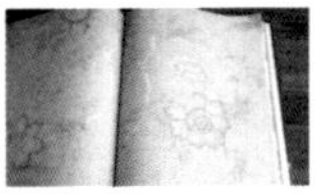

　　三种壁纸相比来说，PVC 壁纸的性价比和实用性是最高的。它有很多优点，比如耐水、耐磨、易清洁、防霉、易安装、价格实惠等，所以 PVC 壁纸是大多数家庭的首选。

PVC 壁纸性价比较高

　　在多雨的地方，壁纸是很容易发霉的，所以南方地区慎将壁纸作为墙面装饰材料。在大多数情况下，购买壁纸是不可以退的，所以为了省钱，应提前规划好铺贴面积和用量，不然买多了就会浪费。

 小提示

家里养有宠物，慎选无纺布壁纸

　　因为无纺布壁纸是布面的，所以表面并不光滑，很容易勾丝。如果家里养有小动物，则应慎选。

7　室内门选购

门窗是家装中很重要的材料。如果你家是新房子，那么没有必要更换外门窗，可以节省很大一笔费用。如果是二手房且房龄比较老，还是建议全部购置新的，毕竟门窗的封闭性还是非常重要的。

常见的门窗有断桥铝门窗和系统门窗。对于普通家庭来说，断桥铝门窗的性价比更高，但如果对美感要求较高的话，则可以选择系统门窗。本节重点介绍室内门的选购。门的种类比较多，有木门、玻璃门、推拉门、隐形门等。

（1）木门

木门主要由门体和把手组成，门体会涉及材质的选择，把手则凸显了五金的重要性。木门大多用于卧室，所以比较注重隔声效果。如果想要做通体门的话，则要考虑到上方有无承重梁的问题。关于材质，大多数人都会选择实木复合门，比起纯实木门，实木复合门的性价比更高。

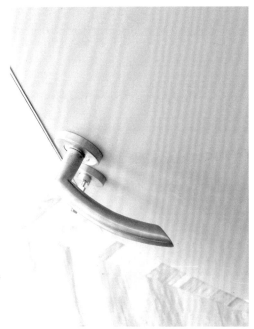

弧形把手握感较好

在非承重梁下可以做通体门

（2）玻璃门

长虹玻璃门是现代轻奢风的典型代表。如果室内装饰是欧式、美式风格，那么一般家里厨房或卫生间会选择用长虹玻璃门。

选购长虹玻璃门的注意事项

事项	内容
选购超白玻璃	含铁量比较高，透光性好，自爆率非常低。如果用作卫生间门，则可以升级为磨砂玻璃
单包口	门框做单包，更加简洁，也能够凸显出极简风格，内框直接用瓷砖进行包边收口即可，比双包口更节省钱
厚度	有5 mm和8 mm两种厚度。厨房选单层8 mm厚就够用了；卫生间要选双层5 mm厚；淋浴房选8 mm厚的，更加结实
3C认证	购买玻璃时一定要选择带3C认证的，特别是在潮湿空间里，受冷热温度变化的影响，容易发生自爆现象，应将安全性放第一位

（3）推拉门

如果你不想做开放式厨房，同时厨房的开间又比较大，那么建议你做推拉门。淋浴房也可以做推拉门。推拉门是有轨道的，分为地轨和吊轨两类。吊轨的价格更贵一些，地面没有轨道，做起卫生来会更加方便。

如果想要选择吊轨，就一定要找质量好的商家。用质量差的五金件，时间长了吊轨容易脱落，会有安全隐患。另外，吊轨推拉门安装在承重梁上才够结实。

吊轨双联动推拉门

隐形门避"坑"指南

（1）隐形门不隐形。

因为隐形门的门板重量大，加上五金本身有阻尼，所以开关门时有些费力。更主要的是，因为门有时会处在一直打开的状态，经过一段时间反复开关，门就合不严了，需要手动将门后的五金固定才行。所以，质量太好太沉的门，反复使用或持续打开后会出现因五金松动而导致关合不严的现象。

（2）一定要加衬板！

如果隐形门后面不加衬板，则会直接与墙体相结合，也就是门要固定在墙上。一般是用小钉子固定的，远看不明显，近看有明显的钉痕。

（3）家具美容一定要找靠谱的师傅。

家具美容是指针对各种成品家具或材料表面材料破损、划伤、掉色后的复原处理。不要轻易给门做美容，效果不好，还不如不做呢！

虽然选用隐形门是一种比较流行的装修趋势，其美观度很高，但并不实用，花费也比较多，不如直接买几个质量好的平开门来安装。

隐形门近看有比较明显的钉痕

隐形门正常关闭的状态

隐形门无法关严的状态

8 洁具选购

卫生间是除了上班和睡觉以外使用频率最高的空间，洁具是必不可少的生活用品。一般洁具包含坐便器、洗手盆、浴缸等。

（1）坐便器

购买坐便器之前应首先确定坑距，常见的有 305 mm 和 400 mm 两种尺寸，不然买回来的坐便器很有可能安装不上。

坐便器有常规坐便器、壁挂坐便器、智能坐便器等。壁挂坐便器的优点是简约，好清理，但并不节省空间。因为壁挂坐便器需要在坐便器背面砌一道墙，厚度跟坐便器水箱差不多，所以并没有节省空间，还增加了施工成本。后期坏了，需要凿墙，维修成本很高。

如果你想使用智能坐便器，那么建议选即热式的，即开即用，无菌，也比较省水，冬天便圈加热功能非常实用。

（2）洗手盆

尽量选择成品浴室柜自带洗手盆的组合形式，性价比更高。如果做全屋定制的话，则成本会比较高。如果注重实用性，那么就选择陶瓷一体盆，做卫生很方便，且结实耐用，价格也比较实惠。

如果你平时没有在洗手盆区洗头的习惯，就没有必要买抽拉龙头了。这种龙头价格比较贵，用处不大，买普通的龙头即可。

智能坐便器

实用的陶瓷一体盆

（3）浴缸

独立浴缸更加实用，内嵌式的浴缸后期维修不便。建议选择极窄边的浴缸，比起厚重的浴缸，这种浴缸更加节省空间，也好打理。亚克力材质的浴缸性价比较高，但比铸铁浴缸耐磨性差。虽然铸铁浴缸坚固耐用，抗腐蚀，但维护成本比较高，价格也比较昂贵。

亚克力极窄边浴缸

建议在卫生间安装独立花洒

9 五金选购

装修用的五金件比较繁杂，有门锁、把手、门吸、铰链、合页、拉篮、抽屉滑轨、龙头等。这些五金件几乎遍布家里的各个区域，应尽量选购知名品牌的五金件，售后更加有保障，使用寿命也较长。常见的五金件材质有铝合金、不锈钢和铜。

常见的五金件材质和特点

材质	特点	应用场景
铝合金	质量轻，价格较低	家具和门窗
不锈钢	质量好，耐腐蚀，耐磨	常用于厨房和卫生间
全铜	装饰效果比较好	灯具、高档家具等

购买材料有哪些省钱技巧？

购买材料之前，我们需要清晰地了解各个材料在家装中的地位和作用，这能帮助我们判断哪些材料要买知名品牌，哪些材料是有品牌溢价的。对于有品牌溢价的材料，我们就要选择性价比更高的替代品。

1　不能省的，质量为先

有些家装材料，我是建议购买品牌的，当然尽可能选择知名的国产品牌，性价比更高，不要盲目崇拜进口品牌。这是因为材料在家装中占比较重，但其质量参差不齐，小品牌产品或"三无"产品很容易在使用过程中损坏。有些材料需要较长的使用年限，所以售后保障也很重要。

常见家装材料的品牌参考

品类	细分	参考品牌
水电料	电线	远东、熊猫、宝胜、上上电缆、特变电工
	电管／水管	中财、联塑、伟星、日丰、保利
	开关／插座	西门子、施耐德、飞利浦、罗格朗、西蒙
木料	地板	圣象、大自然、霍克林、德尔、兔宝宝
涂料	乳胶漆	立邦、多乐士、嘉宝莉、舒纳沃恩、都芳
	防水涂料	东方雨虹、科顺、百得、西卡、德高
洁具	坐便器	箭牌、恒洁、九牧、法恩莎、惠达
	花洒	箭牌、科勒、九牧、法恩莎、四季沐歌
	浴缸	法恩莎、浪鲸、箭牌、九牧、安华
	淋浴房	箭牌、朗斯、理想、德立、玫瑰岛
	浴室柜	九牧、箭牌、法恩莎、恒洁、惠达

续表

品类	细分	参考品牌
门、窗	门	TATA、大自然、梦天、美心、欧铂尼
	窗户	富轩、博仕、欧福莱、新标、冠豪
大五金件	龙头	九牧、箭牌、潜水艇、四季沐歌、摩恩
	抽屉滑轨 / 铰链	百隆、海蒂诗、悍高、固特、萨郦奇

注：还有很多不错的品牌，篇幅有限，以上列出的品牌仅供参考。

（1）电料

电料是家装中非常重要的材料之一，如果出现问题，则会影响日常生活的正常进行，甚至还可能发生人身安全事故。因此，建议购买品牌产品，有正规的售后保障。一般隐蔽水电工程的质保年限在 10 年以上，如果质保期在 3 ~ 5 年，则尽量不要选。

电料品牌产品本身会注意做工细节，产品质量更加有保障，也会标注产品的型号、规格、电压、执行标准等信息，有些还会配备相应的产品防伪码。

电料

开关、插座类的产品，现在市场上以进口品牌为主。一方面市场流通时间久，经过了时间的校验，人们对其信任度较高；另一方面很多进口品牌的开关、插座外观比较简约、耐看。

（2）木料

大部分用作基底的木料，比如吊顶、背景墙等，选择质量过关的产品即可。与我们密切接触的地板，消耗量比较大，磨损严重或损坏会影响日常生活，建议购买品牌材料。大部分品牌产品经过了严格的质量检验，而且大品牌地板的生产工艺更加严格，当然成本也相对高一些。

（3）洁具

浴室类的产品应更加注重质量，因为它们还连接着水电线路，一旦出现问题会非常麻烦，甚至会危及人身安全。毕竟是每天都会用的东西，为了延长其使用寿命且较少维修，甚至不用维修，应尽量挑选品牌产品。

（4）大五金件

五金件的用处非常多，不用太在意钉子之类的小五金件品牌，直接去正规五金店购买即可。但有些大五金件还是推荐购买品牌产品，比如龙头，外表看似一样，但其内部材质和做工的差异性较大，选择不好，渗漏、反味、生虫等问题都会时时困扰你的生活。

黄铜材质的龙头耐腐蚀性强

2　能省则省的，品牌溢价

有些家装材料不需要购买品牌产品，可以选择替代产品。有些质量较好的品牌产品是有其固定生产地的，选好了生产地，材料的采购任务就完成了一半。

常见的材料产地

材料	产地
瓷砖	广东省佛山市
木材	江苏省常州市、浙江省湖州市
涂料	广东省广州市、浙江省杭州市
洁具	广东省深圳市、浙江省宁波市
灯具	广东省中山市
床品	江苏省南通市
窗帘	浙江省绍兴市、浙江省海宁市
地毯	天津市

除了必须购入的品牌材料，其他材料可以适当寻找一些发源地的工厂，能用不错的价格买到实惠的产品。

3　家装材料平替技巧

既然有那么多的家装材料品类，那么在兼顾质量、品牌和价格的基础上，有无所谓的家装材料平替呢？下面就给大家举几个例子，拓展一下装修思路。

（1）智能开关

现在几乎每家都有智能家居设备，如果你想打造一套智能系统，那么最省钱的方式就是直接安装智能开关控制智能设备。特别是预算有限时，可以在做水电改造的时候让电工预留零线，以便日后把普通开关换成智能开关，这样就可以直接控制智能设备了。

利用智能开关搭建智能系统

（2）用瓷砖大板代替石材

很多人都喜欢打造石材电视墙，但是石材本身的造价是非常高的，特别是大理石石材。现在瓷砖尺寸越做越大，我们可以用瓷砖大板代替石材。

目前瓷砖大板高度为 2.6 m，高于大部分房屋净高，完全够用，不会显得拼接太乱。而且很多瓷砖大板的花纹都是连续的，工人手艺好的话，铺贴缝隙不会太明显。加上整面墙，价格也就三四千元，比石材背景便宜很多。

用瓷砖大板替代石材背景墙

（3）用玻璃隔断代替隔墙

如果想要做分隔空间的隔断，那么很多人会选择用砖做隔墙，或者用石膏板，还有一个更加省钱的方式——用玻璃。一方面玻璃不会影响采光，能够增加空间的通透性；另一方面玻璃也比较美观，施工简单。

采用"半墙＋玻璃隔断"的方式分隔空间

（4）用拼色代替复杂的背景墙

有些业主会在床头墙做复杂的背景墙，花很多钱不说，时间久了，容易让人产生审美疲劳或样式过时。建议采用简单的乳胶漆拼色的形式，造价便宜。如果哪天不喜欢了，也比较容易更换颜色。

耐看还不会过时的拼色背景墙

逛建材城和网购，哪个更好？

很多人都会纠结装修是去逛建材城还是网购。我的建议是装修开始之前先去逛一遍建材城，亲眼看到实物，便于区分质量好坏；另外听专业的导购讲解，能学到很多知识。装修材料更新换代太快了，现在市场价格比较透明，便于掌握线下价格，做预算时也能心中有数。

1 适合在建材城购买的材料

适合在建材城购买的材料有三个特点：第一，需要亲自检验产品的质量和防伪；第二，品牌官方旗舰店的产品样式不多，线下有更多的样式选择；第三，需要测量精确的尺寸，最好叫专业人士亲自上门测量，以免因尺寸出现问题而造成财物损失。

适合在建材城购买的材料

项目	注意事项
装修套餐内的材料	一定要去实体店里看，认清各种防伪标志，防止以次充好
洁具	全部在实体店里买，能看到实物，涉及安装，线下沟通更方便，线上出现问题，更换很麻烦。注意淋浴房尺寸、坐便器的坑距
水电料	亲自检验质量是否合格，以及用量是否足够，有没有以次充好
瓷砖、地板	能看到实物，如果实在喜欢线上的款式，那么一定记得让商家先寄小样，确认实物后再买
门窗	一定要在线下买，我看了很多门窗，质量差别挺大的
石膏板	着重看板材的横截面，能够看到板材内部的用料，网购是看不到的，如果不合格，退起来也比较麻烦
美缝	包工包料，价格相差不大；除非自己做，但效果可能会大打折扣，还费时费力，不划算
浴缸	能看到实物，用手感触表面材质，方便跟商家沟通安装问题。在一家店铺购买全套卫浴产品还可以划价，一起包运输和安装
定制柜	涉及材料和烦琐的增项，要线下选购

2　可以网购的材料

适合网购的材料有两个特点：第一，品牌自身的信誉度高，受众客户也比较多，只要是在官方店购买，就可放心使用；第二，线上价格和线下价格差异较大，线上购买的性价比更高。如果是线上购买，那么应注意正规渠道都是有退换货保障的，而且还有第三方平台进行监管。

可以网购的材料

项目	注意事项
五金	网购确实便宜，认准靠谱品牌，特别是一些电器的安装零件，提前网购
水槽、龙头	线下看好样式和尺寸，线上购买，价格能省一半
乳胶漆、防水涂料	线上买，跟线下质量差别不大，能便宜很多
开关、插座	线上更合适，但要注意准确用量
家电	我们熟知的品牌，大型促销时购买很划算，线上买
灯具	线上、线下的灯具价格差异大，网购要多做功课，尽量选全铜材质的
家具	小件家具可以网购，认准厂家的发货地
床垫	很多品牌都有 100 天的试睡活动，不适合可以退，价格便宜
石材（如瓷砖）、壁纸	购买之前一定要先让商家寄送小样，确认小样没有问题了，再批量定制

 小提示

装修有淡旺季之分

装修是有淡旺季的，一般春、秋两季是装修的旺季，而冬、夏两季则是淡季。特别是在年底的时候，由于温度较低，很多施工不方便进行，所以在淡季购买材料能省下很多钱，而且装修淡季的人工费也能便宜不少。

❖ —— 本章小结 —— ❖

◎要总结各类家装材料的类别、型号和规格，明确选购标准，并结合材料的特点和家装预算占比，找到适合自己的材料省钱配置。

◎装修要有重点，比较重要的区域选品质好的材料，非重要区域选择性价比高的材料，多了解家装材料平替方案，能省很多钱。

◎有些材料可以用网购代替从建材城购买，能省不少钱，但有的材料则需要亲自去实体店购买，不同材料选购的方式不同。

第 **4** 章

省施工

选装修公司，还是装修队？

装修公司有哪些"坑"？

如何应对复杂的施工流程？

需要验收哪些细节？

当我们还在因用合适的价格搞定装修材料而沾沾自喜时，殊不知后面还有更大的"坑"在等着。我们除了要过"材料关"，还要咬牙挺过"施工关"，并完成验收，装修工程才算获得阶段性胜利。

施工流程非常复杂，涉及众多环节，每一个大阶段和小阶段都有"坑"在等着我们。只有做到对过程和技术熟知，提前预判，掌握施工省钱技巧，才不会被宰。

选装修公司，还是装修队？

很多业主在装修之前都会有这个疑问：究竟该选装修公司还是装修队？要想弄清楚这个问题，就要先了解这两者的施工方式和各自的优缺点。

1　装修公司和装修队

不同类型的业主在选择装修方式的时候各有不同。装修公司和装修队各自的优缺点参见下表。

装修公司、装修队优缺点对比

承包方	优点	缺点
装修公司	专业团队承包整个流程（包含设计、材料、施工和售后）	家装材料选择范围窄，只能选与公司合作的品牌，或是自有品牌（大多质量一般）
	有自己的设计师，可以协助业主完成装修前的准备工作	因中间商比较繁杂，加上管理费用和公司利润，比施工队价格高
	施工工艺、流程和时间都有比较明确的合同制规定	只能用公司自带的施工队，被分配的工长好坏参差不齐
	给没有过多时间放在装修上的业主提供便利	装修出来的风格比较同质化，缺少个人特色
	具备一定的创意理念，能够紧跟潮流	
装修队	施工经验丰富，更专注于施工中的细节问题	除施工外，其他环节不是很专业，特别是售后服务，容易出现扯皮的问题
	性价比更高，适合预算有限，又不想降低装修品质的业主	合同约束力较差，需业主多上心，最好签署补充合同，以便约束
	有些工长跟材料商有长期合作价，业主帮工长赚提成，工长帮业主省钱	质量参差不齐，业主需要有更多时间监工，学习更多知识
	灵活性高，可根据需求和预算随时调整，容易实现定制化	装修理念未必能紧追时代潮流，有些想法可能会过时

（1）装修公司

有比较专业的团队，从设计、施工到售后服务，一整套流程都有各司其职的人。当然，不同规模的装修公司团队的专业度也会有所不同，所以应尽量选择售后比较有保障的大公司。

●团队配备

从准备装修开始，哪怕你对装修一无所知，也会有人协助你完成所有流程。装修公司的设计师还会多次亲临施工现场，帮你把关和验收。

装修公司有比较完备的售后体系，表面工程和隐蔽工程都有各自的质保年限，即便入住几年后房子出现问题，也会有售后人员及时上门维修。

●选择局限性

很多时候业主选择装修公司后发现，材料的选择范围是非常有限的。如果你没有中意的材料品牌或样式，想要自己出去采买，那么装修公司可能只会退给你很少一部分钱，甚至不退。所以，在签合同之前就要确定好材料的种类和样式。

●适合人群

年轻人工作比较忙，最多周末过去看一眼装修进度，甚至有的一个月都不去一次。这时就需要专业的团队为你做指导，平时靠线上联系来完成装修进度的推进。但装修公司的报价一般都比较高，所以需要业主有比较充裕的装修预算。

装修公司的材料选择空间比较有限

●追赶潮流

装修公司一般都会紧跟潮流，实时关注最新的装修理念和新的材料，确保自家的装修效果在一线水平，因此深受业主的青睐。但装修公司服务的客户比较多，出设计图也很模式化，所以可能在装修同一种风格的空间时，所呈现出的效果是一样的，缺乏个性。

装修公司的开工仪式

（2）装修队

比起装修公司，装修队的价格能便宜很多，毕竟没有中间商，而且价格还有可谈的空间。装修队还可以再细分为包工制和散工制。

●包工制

有固定的工长来把控装修的整个环节（包含验收），工长也有各个工种的人脉资源。其中连带关系比较紧密，如果工长找得靠谱，那么工人也会相对比较靠谱。

●散工制

没有固定的工长，每个工种都需要业主自己单独寻找。有亲戚或朋友使用过的靠谱资源最好，没有的话，就需要业主对装修有深入的了解。散工市场鱼龙混杂，很容易被"坑"。

●适合人群

预算有限的业主更适合选择装修队。有的业主对装修知识和流程有一定的了解，也可以选择装修队，这样可以省下不少钱。需要提醒大家的是，装修队没有装修公司的总控和负责各个环节的沟通人员，需要业主有较强的沟通能力、谈判能力以及砍价能力。

●合同约束

装修队不像装修公司有完备的合同体系，很多时候是"口头承诺"。工人水平参差不齐，需要业主更加上心，最好跟对方签署一份补充合同，将一些约束条件都写进去，防止在施工过程中发生责任不清、互相推诿的情况。

无论选择哪种方式，都建议提前做好调查，咨询多家公司或装修队。另外，一定要签订合同，明确双方的责任和权利，以保证装修过程的顺利进行。

要签订明确的装修合同

 小提示

根据时间选择合适的装修方式

如果业主既没时间也没太多装修经验，但预算很充足，那么可以选择装修公司。如果业主有一定经验，愿意投入时间且预算紧张，那么就选择装修队。其他细节都可以在装修过程中慢慢学习，这个过程很有趣，对自己来说也是一种成长。

2　自己做工长怎么样?

装修队有包工制和散工制两种，其中散工制的价格相对更低，但寻找各个工种的工人需要花费大量的时间和精力。那么又会有人问，散工没有人带队，自己做工长是否可以？工长不仅仅是个带团队的管理者，还要具备多方面的能力。

（1）实践经验

工长不仅要懂得装修知识，还要有大量的实践经验，能够应对各种意外和突发状况。对于普通业主来说，家里装修三四次已经算很多的了，不可能有机会积累大量的实践经验。

（2）沟通协作

工长的沟通协作能力要非常强，很多工长跟各个工种的工人建立了长期的合作关系，彼此都很熟悉。应该用什么样的沟通方式？哪个工种的工人技术比较好？哪个工种的工人技术欠缺？容易犯哪些错误，需要特别盯住？这些能力我们都不具备，在这种情况下，即便我们可以集结各个工种的人，没有关系基础和号召力，他们也不愿意听从我们的指挥。

（3）资源整合

工长与材料商时刻保持紧密联系，能帮你要到更便宜的价格。另外，装修材料更迭速度很快，即便是三四年前的装修资源，现在也可能不能用了。或者小品牌倒闭了，又或者联系人转行了，这些都有可能导致你资源短缺。

总之，专业的事情要交给专业的人来做。根据自己对装修的掌握程度来对全局做二次把控就可以了，不要越界去做我们不擅长的事情，我们想要的是"一加一大于二"的效果。

3　清包、半包、全包怎么选?

提到装修施工，就不得不提承包方式。过去装修承包方式有清包、半包和全包。现在大型装修公司越来越完善，出现了整装的承包方式。这四种承包方式的具体内容和适合人群见下表。

承包方式的内容及适合的人群

承包方式	包含内容	适合人群
清包	仅人工费	预算紧张，有大量时间，沟通能力强，装修知识丰富，懂施工流程和工艺
半包	人工费、辅材	预算一般，在意装修细节，只想自选主材，略过烦琐的辅材部分
全包	人工费、辅材、主材	预算较充裕，工作比较忙，不是"细节控"，硬装部分想完全找人托管，对家具、家电等软装的搭配有一定的审美
整装	人工费、辅材、主材定制柜、家具、家电等	预算非常充裕，工作非常忙，几乎没有时间放在装修上，想整体风格高度统一，软装搭配能力一般

（1）清包

清包是承包方式中价格最低的，仅包含施工人员的人工费，所有材料都需要自己挑选和采购。不同施工队的人工费定价和标准都不一样，需要提前多咨询几家。

选择清包的业主一般需满足两个条件：第一，预算非常紧张，希望可以最大限度地节省开支；第二，对家装材料的品牌和功能性了解得比较透彻。

所以，除非预算太少，不然没有一定装修基础知识的业主，不建议冒险选择清包方式。

清包只包含人工费

（2）半包

半包方式适合大多数家庭：有一定的预算但不是非常充裕，对装修略懂一些，或者之前有过装修经验。半包除了包含人工费，还包含了较为复杂的辅材，比如各种小型配件、五金、涂料等。如果自己购买很可能买错或买多，从而浪费钱。

辅材大多都是偏功能性的东西，几乎不需要我们做样式的选择，可以托管给第三方，我们只需做好场外监督，避免以次充好就可以了。

半包仅包含一定量的辅材

（3）全包

如果业主的装修预算比较充裕，平时工作繁忙，没有太多时间去工地，那么可以选择全包方式。这样只需要我们阶段性地到现场抽查和验收就可以了。

全包是在半包的基础上增加了主材的部分，比如瓷砖、地板、洁具等主材也是由施工方来购买的，可以省去自选主材和比价的烦恼。

关于主材的选择，全包有另一个弊端：装修公司通常会跟几个固定的品牌合作，所以你只能在这几个品牌的特定款里挑选，可挑选主材的范围明显缩小了。结果就是，虽然没有自己喜欢的主材样式，但也要勉

全包几乎涵盖了所有装修主材

强选出一个，无法完全按照个人主观意愿选择。因此，在主材的选择上没有半包的灵活度高。

（4）整装

整装的方式是近几年开始流行起来的，专门提供给没有时间装修和对软装搭配一窍不通的业主。整装模式一般在比较大的装修公司中才有，它是在全包的基础上，除了硬装，还包含了全屋定制柜、家具、家电等软装，甚至有些还包含了后期的保洁。

整装方式的确帮业主省了不少心，但价格非常高，因为一般与大公司合作的家具、家电商都是知名品牌（你可以理解成装修公司为家具、家电品牌带货的模式）。追求更多的是品牌性，性价比略低，价格自然也不会便宜。

如果你满足以下三个条件，那么可以选择整装方式：第一，预算充裕；第二，对家居生活品质有很高的追求，特别注重品牌；第三，个人软装的搭配能力一般，觉得家具、家电的采购费心费力，而且担心购买家具后整体的风格不统一。

整装方式是连所有软装都替你搭配好

　　以上四种装修承包方式有各自的优缺点，适合的人群也不同，没有绝对的好坏之分，需要根据个人经济情况和对生活品质要求，选择最适合自己的方案。

 小提示

定期到现场验收

　　不管半包、全包还是整装，承包出去并不代表我们可以完全不用管，最后直接交房。在整个装修过程中，还是需要业主抽空到现场验收的，不然最终交给你的房子很可能跟预想的差距很大。

装修公司有哪些"坑"？

装修要想省钱，首先要做到的就是不被"坑"，不然即便再便宜的价格，也是浪费。只要我们不花冤枉钱，能向对方争取到更多的资源，就可以帮我们省下不少钱。

当然在沟通过程中，也要时刻关注对方的态度。不管是装修公司还是装修队，都是要挣钱的。我们要适度让出一些利润，以免砍价太狠，在后期施工过程中留下一些难以察觉的隐患，反被"掏腰包"。

1 识别装修套餐的套路

装修套餐里面的套路非常多，既然做成了套餐的方式，就自然有很多行业内隐秘的规则，如果不注意的话，则很难察觉其中的"猫腻"。

常见装修套餐的套路

套路内容	详细说明
明细不清晰	缺少产品品牌、型号、规格、工艺等说明
品牌替换	用次等品牌产品替换高等品牌产品，从而节省成本
模糊规格和型号	便于升级更新更高级的产品，产生增项费用
施工工艺不清晰	便于升级工艺，产生增项费用
故意漏项	在装修套餐中故意减掉几个不起眼的项目
减项退费	业主想从套餐里减项的时候，故意扣掉部分钱
面积计算"花样"多	故意多算面积，以便收取更多材料费和人工费
数量有"猫腻"	故意给比较少的数量，后期让业主再加
全部换新	将没有必要换新的材料全部换新，产生增项

（1）明细不清晰

不管你选择何种承包方式，承包方一般都会以套餐作为产品的形式，很少单独计价。这是因为全包在套餐里，很多东西会被隐藏起来，不细心的业主很难发现问题。在咨询装修套餐之前，第一件事情就是找对方要明细，然后确认明细上每个产品的品牌、型号、规格、施工工艺等是否写清楚了。

（2）品牌替换

有些公司的报价单上会模糊品牌，比如报价单上写"国内一线品牌"或"国外一线大牌"等，必须让对方写清楚品牌的名字，搞清楚究竟用的是哪个品牌。

有些公司还会在合同里写"如果合同中标明的品牌无货，公司可用同等质量的品牌替代"。这时候要提高警惕，"同等质量"说得很模糊，一定要让对方写明替代品牌有哪些。往往这个时候，有些公司会用自有品牌替换一线品牌，以便节省更多成本。

（3）模糊规格和型号

比较常见的是，合同里的是某些产品的基础规格或型号，如果想要比较新的产品，则需要加钱。比如瓷砖套餐里面带的基础规格最大的为 900 mm×900 mm，而现在比较流行的 750 mm×1500 mm 等大瓷砖是需要单独加钱才可以选用的。

如果你想要铺贴瓷砖大板，那么一定要提前问好套餐自带的瓷砖规格是什么。瓷砖大板要加的不仅是材料费，还会有额外的人工费。

瓷砖规格要提前明确好

（4）施工工艺不清晰

有些公司会故意不将施工工艺写进合同里，后面想要在工艺上有所升级，就要额外加钱。比如瓷砖的传统工艺是正铺，如果选购了不吸水的瓷质砖，那么正铺就会因热胀冷缩而出现空鼓或掉砖问题，一般会采用薄贴法。而薄贴需要使用专门的瓷砖胶，人工费比较贵。此外，瓷砖和地板的异型铺贴等也算工艺升级。

瓷质砖不吸水，采用薄贴法

（5）故意漏项

故意漏项也是装修公司常见的套路，他们惯用的手法是用低价套餐吸引业主。整个装修流程是比较复杂的，抹掉其中一个环节中的小项，没有装修经验的业主很难发现，然后在施工时单独产生增项。如果业主不加钱，就会影响施工进度，签完合同的业主只能乖乖掏钱。

常见的漏项

项目	明细
设计图纸	明确套餐里是否包含设计图纸，包含几张图纸，分别有哪些图纸。有些公司出设计图是需要额外加钱的，没有图纸会影响工人施工（常见图纸在第 2 章有详细说明）
拆改费用	我们往往更关注主材，而很容易忽略施工第一步拆除环节，这一条常被隐藏起来，开工时再单独收费，而拆改费用计算起来价格可不低
找平费用	无论贴瓷砖、铺地板还是刷乳胶漆，前期都要墙面或地面找平，有些公司会在施工工艺里故意隐去这个环节，到时候再单独收费
铲墙费用	旧房改造时不仅要铲掉墙皮，还要铲掉抹灰层，用水泥砂浆粉刷后，才能继续批腻子。很多装修套餐中只包含铲墙皮的费用，这种细节也很容易被忽略
保护费用	在拆砸前，我们要对门窗、水电设备等进行保护，不然砸坏了就要重新修复，不仅耽误工期还费钱，有些套餐会隐去这项，保护材料单独收费
窗帘盒费	吊顶的时候我们都知道要预留出窗帘盒，但是很多吊顶费用中不包含窗帘盒的费用，特别是暗装窗帘盒，需要业主单独付费
门套垭口	很多套餐中包含门，但不包含门套、窗套和垭口，这部分大多数公司都会单独收费，不会写进合同里
装饰石材	除了瓷砖这种基础石材外，窗台石、过门石、飘窗石等可能都会从套餐中隐去，需要的时候再单独收取费用，根据石材规格和品质收费高低不同
瓷砖美缝	这一项很多装修公司都不包含，需要业主额外支付美缝的材料费和人工费，品牌不同，费用也不同
油烟管道	如果抽油烟机距离烟道比较远，则需要加长硬管，这部分也会额外收取费用。同理，烟道止逆阀、包水管用的隔声棉等，都有被额外收费的可能性

（6）减项退费

我们常遇到这种情况，自己不喜欢套餐里的材料，这时就会退掉套餐里的项目，自己出去订购。这个时候装修公司只会退给你很少一部分钱，甚至不退。所以一定要提前问好，不要的项目是否可以退、怎么退、退多少，并将这些内容写进合同里。

正经做生意的商家很多，但"不择手段"的商家也有，装修市场比较混乱，大家要警惕一些。在一切还没有问清楚之前，不要交定金，也不要签合同！

（7）面积计算"花样"多

房屋面积有三种，分别是建筑面积、套内面积和使用面积。很多装修公司是按照套内面积来计算的，也就是包含了屋内的所有墙体，而使用面积是不含墙体的，这个问题要提前问清楚。有的公司会按照建筑面积来计算，那业主就更亏了。

（8）数量有"猫腻"

装修材料里还有一项比较重要的参数——数量，很多合同里有，但业主不会仔细看。为了后期能够增项，装修公司会把数量写得比较少，常见的数量"坑"有水电点位、插座数量、乳胶漆涂刷面积、卫生间数量等。套餐里会有规定的数量，超过该数量就会额外加钱。

这里我们就要具体项目具体分析了。装修公司默认的数量都不太充足，他们会给自己留足"增项空间"，所以出现数量不够的情况会比较多。这是可以和对方沟通的地方，要尽量根据自家情况留够"数量"。

刷涂料时需检验是否去掉了窗户的面积

常见套餐规定数量

材料	数量规定
卫生间主材	只包含 1 套卫生间主材（有多个卫生间的业主要注意）
排水地漏	只包含 2 个，干湿区各 1 个
乳胶漆颜色	只包含 2 种颜色（吊顶的白色也算 1 种）
插座点位数	会根据面积仅包含一小部分点位数
门	每个空间只包含 1 个门（推拉门不算在内）

（9）全部换新

套餐里绝口不提"换新"的事情，但等到装修的时候，装修公司会让你把屋内东西全换新。你的房子是经过有关部门质检的，很多东西根本没必要换新，比如电线、插座、门窗、地暖等，千万别被忽悠。

窗框如果不是非常老旧就没必要换，但可以更换成带锁的金刚网纱窗

2　签合同的"避坑指南"

这份"避坑指南"想要告诉大家的第一句话就是：别着急签合同。大多数装修"小白"的经历是，当对方用比较便宜的套餐价格，甚至附加免费设计来吸引你的时候，就已经在后面为你准备了无数的"坑"。

在签订合同前一定要反复确认且落实在字面上之后，我们才可以签上自己的名字。不然签好合同后，我们就会失去谈判资格和能力，由主动转为被动。签合同之前我们需要避免的 12 个合同"坑"，见下页表格。

"合同坑"的具体内容

"合同坑"	项目	具体内容
"坑"1	装修套餐明细	需包含所有项目、品牌、规格和工艺
"坑"2	合同细则	承诺的内容都要写进去，或签补充合同
"坑"3	付款方式	需要分4～5次将款项完全付清
"坑"4	质保年限	表面工程和隐蔽工程都要有保障
"坑"5	工程期限	不能无故拖延工期，需明确工期时间
"坑"6	公司资质	需要明确施工资质等级和设计资质等级
"坑"7	施工团队	明确施工队是公司自带的还是外包的
"坑"8	工程监理	尽量自己找第三方监理来监督工程
"坑"9	垃圾清运	明确清运范围，以及是否额外收取费用
"坑"10	违约责任	需要明确具体的责任和赔偿条款
"坑"11	变更和增项	明确变更和增项的程序、费用计算方式
"坑"12	不要只看样板间	要以工地的实际情况作为评判标准

（1）装修套餐明细

很多"坑"都会隐藏在装修套餐里，前面章节已经详细介绍过，这里就不再赘述了。大家只需要记得套餐套路多，我们在确定套餐内容之前，要先从对方那里获得套餐明细，越详细越好。

（2）合同细则

我们在跟对方聊具体装修内容的时候，不要太相信口头承诺，最终一定要落实在合同上。合同中的每一项条款都要仔细看，并逐项确认：有没有承诺的品牌？有没有写进去额外收费的项目？明细是否清晰？含含糊糊的可不行。有没有写免费升级、赠送的东西？有没有额外的折扣？

如果在沟通过程中额外附加的内容，原本合同里没有的话，则一定要记得再跟对方签一份补充合同，正规公司都会同意的。以上细则都要先弄清楚了再签合同。

（3）付款方式

正规装修公司一般会分五次收款。第一次是支付定金，大多为1万~2万元。第二次支付报价的20%左右，又叫"首付款"，签合同之后交。第三次支付报价的40%左右，交底后，正式开工前交，表示施工正式启动。第四次支付报价的30%左右，水电交付验收后交。第五次支付报价的5% ~ 10%，也就是尾款，所有施工完工后交。

如果遇到让你分一两次交完装修款的，那么一定要谨慎。另外，有些公司的尾款会控制在5%以下，如果可以，我们应尽量跟对方把尾款谈到5% ~ 10%，低于5%的不要同意。

（4）质保年限

合同上必须写明质保时间：表面工程质保几年？隐蔽工程质保几年？特别是水电之类的隐蔽工程。一般情况下，表面工程质保2 ~ 5年，隐蔽工程至少质保10年，别签质保低于10年的质保合同。除此之外，可以去网上打听一下他们售后投诉最多的是哪个项目，以便准备应对措施。

（5）工程期限

此前有一些装修公司以"产品无货"为借口拖延工期。在非特殊时期，如果因产品无货拖延，那就是装修公司自己库存的问题，不能让业主来承担工期被拖延的风险，所以合同中一定要明确工期和拖延条件。

（6）公司资质

签合同之前，要确定装修公司的施工资质等级和设计资质等级。要选一级施工资质的公司，而设计师级别不一样，通常价格也不同。根据以往的经验，装修公司的设计师有差别但不太大，都比较模式化。如果你想要个性化的东西，那么建议找独立设计师，但价格偏高。

（7）施工团队

要问清楚施工团队是公司自己的，还是外包的。外包一般会有多个团队，没有统一管理，更没有统一的定价策略，收费标准不一。要确定是否可以指定工长，这非常重要，我当初就是提前做了功课，指定了一个很好的工长。有的邻居就没指定，同样的装修公司，结果被分配了其他的工长，装修过程中状况百出。

（8）工程监理

要问清楚装修公司是否自带监理、是否同意自己找监理，建议业主尽量自己找第三方监理。有些公司自带的监理没有实质作用，毕竟他们是"利益共同体"，很多时候就是走个流程，不会认真帮你把控质量的。

我们也可以用"是否可以找第三方监理"来试探对方，如果对方拒绝，那就说明他们对自己的施工质量没有信心，这时我们就要谨慎考虑了。还有一个特殊情况——即便业主找了第三方监理，也会存在工长跟监理沟通，从而蒙混过关的可能。所以一定要选择正规的装修公司，监理去的时候，最好业主也在场。

（9）垃圾清运

很多装修公司都将"垃圾清运"包含在套餐内，合同里没写的就要问清楚。小区物业也会收垃圾清运费，这个清运跟装修公司不一样。前者是把你家垃圾运到小区指定地点，后者是将垃圾运到小区外，由物业负责。

（10）违约责任

很多装修公司会故意在合同里面忽略违约的具体责任，这里面的违约主要体现在两个方面：第一，工期不能如约履行；第二，装修质量不合格。此时就需要让对方在合同中明确责任方的具体赔偿是什么，不能仅仅标明业主的违约金，也要明确对方的赔偿金。

（11）变更和增项

前面虽然提到了我们要学会识别装修公司的增项，但也需要具体的合同条款来约束对方。所以，我们需要在合同中明确变更和增项的程序及费用计算方式，确保双方都清楚额外工程的费用。

（12）不要只看样板间

样板间一般都是给业主看的，实际施工中究竟能不能做成这样还真不好说，甚至可能都不是同一批工人做的。所以，你可以要求对方直接带你去实际施工现场。

装修公司规模不同，合同的规范程度也不一样，不管大公司还是小公司，都有各自的盈利方式。我们可以让对方赚取一定的利润，但不能太"过分"。装修本身就很容易"掏空钱包"，如果可以提前发现一些问题，防患于未然，那么就能节省很大一笔开支。

明确所有合同条款

3 如何应对装修中的增项？

上节说过，很多公司的装修套餐故意漏项，就是为了之后当作增项，不然怎么用便宜的套餐吸引业主，从而获得更多利润。应对这些增项，我们要有自己的办法。

（1）写清楚增项明细

前期沟通的时候我们要多提问，比如某项目是否包含在套餐内、包含的数量有多少、规格和工艺是什么。当我们抛出这些问题时，对方会认为我们是懂装修的，不是完全的装修"小白"，有自己的知识储备和预判，多少就会有些顾忌。

最重要的一点是让装修公司把所有可能产生的增项费用（你自己也认可）一并写进合同中或补充合同中，并标明"除上述增项费用外，无其他增项费用"。总之，要在交定金之前，将所有装修项目落实到字面上，一旦后期出现纠纷，也有谈判的权利和维护自己的资本。

（2）明确需求

应在前期就明确自己的装修需求，也就是"我们真正想要的是什么"，避免后期被各种"种草"和"忽悠"，额外增加一些不必要的开销。很多时候装修中会出现一些"花里胡哨"却并不实用的设计，因为我们缺乏判断或者没有定力，所以不得不为这些"增值"买单。

如果我们对自己的需求非常明确，那么后期就不容易出现装修设计或施工的变更费用。注意这些会让你在装修中少很多"增项内容"。

（3）免费资源

在沟通中能谈到折扣，直接省钱是最好的。如果谈不下来，那么我们就跟对方要一些有价值的东西或免费升级的内容。这样可以让"增项"转化为"赠予"，自然就省下钱了。

可额外获取的资源

额外资源	具体内容
免费赠予	各类大家电（电视机、冰箱、洗衣机、热水器等）
	各类小家电（电饭煲、微波炉、饮水机等）
	装修抵扣券（比较实用，在增项中直接抵扣现金）
	装修设计（并不实用，越这样后面的"坑"可能越大）
	软装产品（地毯、床品、各类装饰摆件等）
	日常用品（卫浴套件、电动晾衣架、集成浴霸等）
	其他辅料或配件（安装地板送踢脚线，订购床送床垫等）
免费升级	部分主材由国产品牌升级为进口品牌
	瓷砖尺寸升级为 750 mm×1500 mm 及以上大板砖
	普通浴室柜升级为带智能镜的，单人柜升级为双人柜
	普通坐便器升级为智能坐便器，普通花洒升级为恒温花洒
	门锁升级为高级锁具或附加磁吸静音功能的锁具

不同的公司免费赠予的项目不同，也会有不同额度。有些商家告诉你无法赠予，或许不是真的不能赠送，而是他们的额度用完了。你可以换个时间，最好赶上店庆、商场活动日、法定节假日、"6·18""双11"再去谈，或许会有不同的收获。

 小提示

免费资源也有质保年限

商家免费赠送给我们的资源也是有质保年限的，不然对方将质量不好的产品送给你，之后出了问题也很麻烦，非但没有省钱，反而会花更多的冤枉钱。

（4）货比三家

我们不要逮住一家装修公司沟通，第一轮可以多走访一些公司。多沟通，自然也会发现大家的异同点，这样等到第二轮详细沟通的时候就会更加有针对性。看的报价和明细多了，就更容易看出套餐中的"猫腻"，比如 A 公司写明的某个项目，而 B 公司没有写，那就会有问题，沟通细节的时候要多问。这也是减少"增项"的实用方法。

（5）从口碑入手

在走访装修公司之前，最好先到网上看看大家对所在城市装修公司的评价如何。一些口碑比较差的，即便是大公司，也要在第一轮就淘汰掉，没必要浪费时间去沟通了。

4　补充合同中要写些什么？

装修公司的正式合同一般都有固定的模板，是没办法单独为某个业主修改的。当合同无法满足我们的需求时，就要跟对方签订额外的补充合同，千万不要相信任何口头承诺。

补充合同中需要明确的内容

项目	明细
明细补充	合同中未标明的品牌限定和规格明细（补充数量说明）
赠品说明	免费赠予的项目或产品
	免费升级的项目或产品
工艺升级	需要特殊施工工艺的标准和价格
增项费用	施工中可能涉及的增项项目、人工费和其他费用说明
隐藏费用	未在合同中出现的施工费用（比如拆改、找平等）
退减费用	关于合同中装修项目的减项费用退回说明
其他	商家给予的任何口头承诺

装修公司给予的套餐和优惠力度很难有十全十美的，我们只要根据个人需求尽量谈到合适的价格范围，获得我们需要的高品质产品，将它们落实在合法的字面中即可。

如何应对复杂的施工流程？

你以为选择家装材料已经够麻烦了，其实真正的麻烦是在施工阶段，各个环节都可能让你多花钱。我们要做的是在保证装修质量和品质的基础上，最大限度地省钱。

施工过程中可以省钱的地方有很多，有的省大钱，有的省小钱，积少成多，全部加起来就是一笔"巨款"。这里需要我们深入了解各个阶段的施工流程和工艺细节，以保证基础质量，并学会一些省钱技巧。

1 拆改工程的省钱技巧

（1）墙体拆改的原则

大部分装修是从墙体拆除开始的，这是比较容易花钱的环节。拆建都是按照面积来计价的，其中新砌墙体比拆砸墙体的价格要贵，所以在进行拆改墙体之前，我们首先要明确拆改墙体的原则。

●明确拆除目的

拆除墙体，不是看哪面墙不顺眼就拆掉，而是拆除后要有增益效果。一般主要考虑两点：增大空间效果和改善采光不足。

同一时间段两个相同房型拆与不拆墙体的采光效果对比

●不能拆承重墙

可找物业要房屋承重墙示意图，一般
黑色实心部分是承重墙，不能拆除，否则
后期会产生很多问题，也会承担相应的法
律责任。白色空心部分则是可以拆除的。

除承重墙之外，承重梁、承重柱等也
是不可以拆除的，否则会极大程度地破坏
房屋的原始结构。

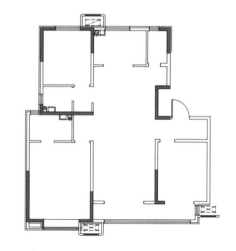

承重墙示意图

●对要拆改的墙体进行标记

拆改之前要跟工长沟通好，对需要
拆除的墙体进行标记，避免少拆或错拆。
千万不要只靠口头交代，必须用笔在墙面
上标记出来，分界线也要标好。

先对墙面进行标记，再拆砸

●做好保护工作

拆改前要对室内设备进行保护，避免
砸墙时碰到导致损坏。需要保护的设备有水
电表、燃气表、自来水管、暖气管道、燃气
管道等。此外，还要做地漏保护，防止装修
垃圾掉进去，堵塞下水管道。为防止建筑垃
圾掉进下水道，工程结束后，要将一大盆水
倒进去，检查下水管道是否通畅。

要认真做好前期的保护工作

（2）拆改工程如何省钱？

拆改工程省钱技巧

省钱技巧	省钱力度
尽量保留原始结构	很大
单独拆分施工	很大
仔细检查，别拆错	大
少做隔墙	大
避开管线	大
不要移位	适中
利用二手回收公司	适中
问清楚垃圾清运问题	适中

●尽量保留原始结构

在个人预算范围内，应尽量挑选结构比较规整的户型，避免后期大面积地改动。不要觉得什么户型都可以，反正装修时可以砸，拆改费用并没有大家想的那么低。因为它综合了拆砸和新砌，是双倍甚至三倍的价格。如果拆改的地方比较多，那可是一笔不小的数目。

好的户型可以减少拆改面积

● 单独拆分施工

相对后面的施工来说，拆改算是相对容易的，但装修公司或施工队的报价都比较高，这也是他们的利润点。我们可以直接去找散工来做这一项，能节省很多成本，把剩下的工程再交给施工队。

一定要记得前期沟通好时间，一般拆改 2 ~ 3 天就可以结束，简单的拆改 1 天之内就能完成。拆改的时候业主最好在现场盯一下，确保满足墙体拆改原则。

新砌墙体比较费钱

自找散工拆改可以节省成本

● 仔细检查，别拆错

拆改的时候一定要跟工人反复确认和标记，别多拆，也别少拆。不要等拆完后才发现拆错了墙，这样一来重砌新墙和拆新墙，就多出了双倍的工程量，价格自然也会高许多。

● 少做隔墙

尽量少在室内新砌隔墙，这样不但会割裂空间，还会增加后期瓷砖铺贴、墙面处理和刷涂料等费用。如果实在需要划分空间，且对隔声要求不高，那么可用龙骨和石膏板代替砖墙，这样会更省钱。

用龙骨和石膏板代替砖墙

●避开管线

在拆改前标记的时候，要对照设计图纸，避开墙中的管线，避免弄坏管线，造成额外的经济损失。

●不要移位

拆改时，很多业主会重新布局空间。但厨卫空间尽量不要做太大的位置移动，因为涉及水电问题，后期很容易因出现纰漏而多花钱。例如坐便器下水口移位后就很容易造成堵塞。

●利用二手回收公司

如果旧房需要拆除门窗、家具，那么可以直接到网上找对应物品的二手回收公司。他们会在上门回收的同时帮你拆掉，一般只会加一点钱，比施工队报价低很多。

●问清楚垃圾清运问题

如果我们找做拆改的工人，外加清运垃圾，那么收费会偏高。可以换个思路，让工人拆完后，去网上直接搜"建筑垃圾清运工"，价格大概只是前者的三分之一左右，可以省掉部分运输垃圾的钱。

2　水电工程省钱技巧

在进行水电施工前，有些项目需要提前确认，有些材料需要提前购买，以免影响水电施工的进度。注意所有的水电位置同拆砸墙体一样，需要用笔在墙上标记出来。

水电施工前需提前确认的项目

项目	具体说明
水电布局	根据生活需求跟设计师确认全屋的水电布局，包括网口、插座、开关、灯孔、进水管、排水管等个数和具体位置，方便计算价格（冷热水管算两个点位）
设备安装	主要指中央空调、热水器、新风系统和暖通设备，因为涉及水电的连接，所以必须在水电改造之前就购买好，还需要商家配合水电师傅一起安装
全屋定制	定制柜需要嵌入家电设备或需要水电配合，比如洗碗机、蒸烤箱等，需要提前预订，或者确定要购买的产品型号和尺寸，并让定制柜商家尽快出水电图
水电材料	需要根据自家的规划提前购买好水电材料，可以让工长写采购清单自己买，也可以用装修公司的材料，但要注明品牌，保证质量
临时坐便器	开工前要买好临时坐便器，给工人提供方便

（1）电路改造

水电改造是比较细致的工程，不能有半点马虎，否则就会影响后续的工程，还会造成浪费。以下这些细节要在电路改造时应多加注意：

●电路交底要细

跟工长确认好电路需求以及走线方式。不仅要确认点位，还要确认所有电器的位置、电路回路和用线规格。比较特殊的是中央空调的布线费用，一般不包含在电路改造里，需要单独收费，要提前问好工长。

将回路标记在墙上，以免施工时出错　　中央空调布线往往需要单独收费

●材料进场要清点

确认材料品牌、规格和数量，一定要清点彻底再开工。

●画好线再开槽，开槽要规整

开槽之前，有几条线是要先画好的，比如阴阳角垂直线、开关标高线、插座标高线、1米水平线、地面完成线等。为了方便后期铺管，要保证开槽规整。

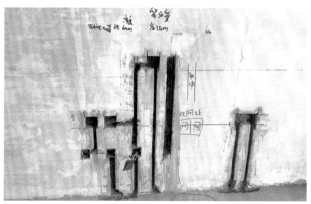

完成必要的画线工作　　保证开槽规整

●预埋线盒和铺管

铺管的过程中需要同时安装线卡，接线盒要选择"86型"的，适配我们用的大多数开关和插座。

86型通用接线盒

●验收后再回填

应在水电验收没问题之后再进行回填，不然返修时还要刨开。回填的时候一定要用水泥砂浆填满缝隙，并涂抹均匀。

●强弱电箱要隔开

想要网速快，记得安装弱电箱，且强弱电箱之间相隔至少30cm，否则会发生信号干扰。

●根据实际情况布线

如果家里已经装有地暖，就要尽量避免在地面上开槽，可以绕墙边布线，防止破坏地暖管路。

避免影响地暖，尽量绕墙根走线

●电路回路设计要合理

电路回路如果设计得不合理，你家就可能会频繁跳闸。电路回路以及用什么规格的线建议让师傅写在墙上，不知道如何设计的，可以参考下表。

电路回路设计表

区域或设备	回路设计
空调	柜机单独一个回路，中央空调内机单独一个回路，外机单独一个回路
全屋照明	单独一个回路
全屋插座	单独一个回路
卫生间	单独一个回路，如果不用电热水器，那么可不设单独回路
厨房	单独一个回路，厨房的家电设备比较多，防止同时使用的时候跳闸
冰箱	单独一个回路，外出时可单独留下这个回路，将其他电闸关掉，省电的同时，也消除了电路安全隐患
新风系统	单独一个回路，提前预留，方便后期安装

（2）水路改造

常见的水路改造除了铺设水管外，还有包管、改下水等。

●包管

卫生间的包管一般是由装修公司负责的，但厨房的包管有的是装修公司负责，有的是橱柜定制商负责的，要提前问好。此外，包管的时候要包隔声棉，不然从楼上传来的流水声会很大。

●改下水

第一，改厨房水槽下方的水管。现在水槽下设备逐渐增多，比如垃圾处理器、净水器等，水槽下方的水管要加粗，以免发生堵塞。

第二，改墙排水。很多业主为了美观和方便打扫卫生，用壁挂浴室柜或壁挂坐便器，水管露出来就会很难看，所以大都会改成墙排水。

●地漏

下水管道包裹隔声棉

改成墙排水

卫生间通常都不大，原本自带的干区地漏和湿区地漏离得比较近。如果想安装淋浴房，那么干区地漏就会比较碍事，需要外移，或者干脆去掉。

 小提示

建议去掉干区的地漏

在常态干燥的情况下，地漏是会反味和生虫的，如果平时不经常使用干区的地漏，则建议直接去掉。

（3）水电改造如何省钱？

水电改造省钱技巧

省钱技巧	省钱力度
水电改造费用计算方式的选择	很大
避免二次工程	很大
水电方案不要改来改去	很大
管线走地，不走顶	大
减少开槽	大
不要全用截面积为 4 mm^2 的线	大
要适量安装插座	适中
谈打包价	适中

●水电改造费用计算方式的选择

水电改造费用的计算方式有两种：按米计算和按点位计算。建议选择按点位计算，因为按米计算在施工中非常容易绕路铺线，不懂水电工程的业主根本看不出来。

●避免二次工程

电路改造时要记得强弱电分开走，并且严禁走同一根管，否则会发生信号干扰的情况，入住后还要进行二次返工。

●管线走地，不走顶

一定会有人告诉你"线路、管路走顶后期容易维修"，厨卫空间的给水管可以这么走，但其他空间的管线能走地的就不要走顶，否则费用会增加。

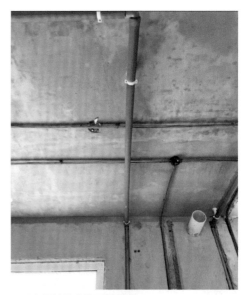

厨卫空间的给水管尽量走顶

●水电方案不要改来改去

先做好水电的前期规划再动工，不然后面想要修改时，会影响其他线路，非常浪费钱。所以水电方案敲定后就不要再轻易更改了。

●减少开槽

水电改造有开槽和不开槽两种价格，一般地面走线的时候可以不用开槽，点对点走线，能节省很多钱。但水路是需要开槽埋管的，不然铺瓷砖的时候还要再垫高地面，又是一笔费用。

承重墙的开槽价格和非承重墙的开槽价格也不一样，所以在前期做水电规划的时候应尽量避免在承重墙上开槽。

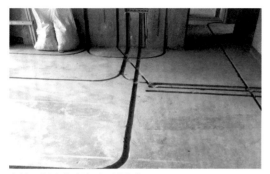
在地面做水电改造时开槽的效果

在地面做水电改造时不开槽的效果

●不要全用截面积为 4 mm² 的线

为了防止跳闸，工长会建议业主将电线全部改用截面积为 4 mm² 的线，其实根本没有必要。只要在空调、冰箱、烤箱、洗碗机、抽油烟机等大功率电器处使用截面积为 4 mm² 的线就足够了，或者只在厨房用截面积为 4 mm² 的线，能节省很多材料钱。

●要适量安装插座

插座设计不是越多越好，只要根据需求预留出未来可能增加设备的地方即可，比如厨房、书桌、电视柜等处，没有必要每个地方都留出好多插座，既不美观，也浪费钱。而且浪费的不仅是安装插座的钱，还有铺设线路、管路的费用，以及后期的维护费，那才是大钱。

当然，插座不能多做，也不能少做。关于插座的布局，我为大家整理出如下两个表格。

常见的插座位置和个数

区域	布局	插座种类	个数	应用
客厅	电视墙中间	80 ~ 100 cm 长轨道插座	1个	电视机、路由器、音响设备、游戏机
	电视墙两旁	斜五孔插座	各1个	柜机空调、空气净化器
	沙发两旁	斜五孔插座	各2个	落地灯、扫拖一体机、手机
	弱电箱内	斜五孔插座	2个	光猫、交换机
	吊顶内	斜五孔插座	1 ~ 2个	中央空调
	屋顶上方	斜五孔插座	1 ~ 2个	投影仪
卧室	床头两旁	带 USB 接口的五孔插座	各2个	手机、无线耳机、音箱、香薰机、加热杯垫、投影仪、电热毯、加湿器
	屋顶上方	斜五孔插座	1个	壁挂空调
书房	书桌上方	50 cm 长轨道插座	1个	电脑、显示器、音箱、打印机、台灯
	书桌下方	斜五孔插座	2个	电脑主机、碎纸机、泡脚桶
厨房	主操作台	50 ~ 80 cm 长轨道插座	1个	电饭煲、空气炸锅、电热水壶、榨汁机
	早餐台	50 ~ 80 cm 长轨道插座	1个	早餐机、面包机、豆浆机、料理机、微波炉、小烤箱
	水槽下方	斜五孔插座	3 ~ 4个	净水机、洗碗机、垃圾处理器、小厨宝
	灶台区	斜五孔插座	1 ~ 2个	抽油烟机、消毒柜、集成灶
	热水器	斜五孔插座	1 ~ 2个	燃气热水器、外置泵
餐厅	餐边柜	斜五孔插座	2 ~ 3个	饮水机、咖啡机、奶泡机
	冰箱上方	斜五孔插座	1个	冰箱
卫生间	镜柜旁	斜五孔插座（带防溅盖）	1 ~ 2个	吹风机、电动牙刷
阳台	洗衣区	隐形插座	1 ~ 2个	洗衣机、烘干机、壁挂洗衣机
	宠物设备	斜五孔插座	1 ~ 2个	电动猫砂盆、电动饮水机、喂食器

易少装或漏装的插座位置

区域	位置	少装、漏装	忽略因素
客厅	玄关处	漏装	忽略鞋柜消毒机用电或某些设备就近充电
	屋顶上方	漏装	忽略后期想装电动窗帘或摄像头的可能性
	电视墙	少装	游戏、运动等电子设备越来越多
	沙发旁	少装	忽略坐在沙发上看电视给手机充电的情况
卧室	床头旁	少装	忽略给更多设备充电的可能性
	梳妆台下	漏装	忽略卷发棒、美容仪等用电情况
	飘窗旁	漏装	在飘窗处使用手机或电脑时方便充电，熨烫机也可以在飘窗处使用
	床对面	漏装	可以在床对面的墙上装一个插座，以备不时之需，比如想给床对面加装电视机等
书房	书桌处	少装	办公学习电子设备较多
厨房	厨房台面	少装	厨房小家电越来越多
	水槽下方	少装	厨房内嵌家电越来越多
	备菜区	漏装	方便使用小电器，比如刀筷消毒架等
餐厅	餐桌下方	漏装	地插，吃火锅、烤肉比较方便，不用拉插线板
卫生间	镜柜内	漏装	在镜柜内给电动牙刷充电比较卫生
	坐便器旁	漏装	忽略电动坐便器的使用或后期改造
	浴缸旁	漏装	忽略未来想升级冲浪按摩浴缸
家政间	柜子内	漏装	可以给吸尘器、扫拖一体机等设备充电

易漏装电动窗帘插座

易漏装飘窗边插座

易漏装梳妆台下方插座

易漏装坐便器旁边插座

易漏装餐桌下插座

3　木工工程省钱技巧

在家装木工工程中，吊顶是最常被业主选用的设计之一。

（1）吊顶

在吊顶之前，先要考虑吊顶的必要性。以下三种情况是一定要安装吊顶的：

①安装新风系统或中央空调，因为有内机、管风机露在外面。

②顶部布有各种线管和水管，要把它们遮挡起来。

③家中有使用窗帘盒或投影幕布盒的需求，可以遮挡盒内的线、杆。

吊顶的主要作用是用来遮丑的，同时有整体装饰作用。下面介绍几种流行的吊顶类型。

比较流行的吊顶类型

类型	吊顶样式
平面吊顶	又叫满吊，用整块石膏板平铺在屋顶，看上去很整洁，比较适合现代简约风
局部吊顶	又叫边吊，两边低，中间高，主要是为了把中央空调内机包进去，只留出风口，简洁美观。这种吊顶又分为"单眼皮"和"双眼皮"两种形式。"双眼皮"是目前比较流行的，想要一点造型的可以选这个
回形吊顶	需要一定造型，回形吊顶内部可以加装灯带，美观度比前两者要好一些，但容易落灰。也可以用带花样的石膏线在顶部围出来做造型
悬浮吊顶	从顶部向下有一段距离，看似悬浮，配合无主灯设计更好看，而且对室内净高的要求比较高，不然做完会显得很压抑
井字形吊顶	适合法式或美式风格的别墅设计

　　以上五种吊顶样式，按照费用排序，从低到高依次为：平面吊顶、局部吊顶、回形吊顶、井字形吊顶、悬浮吊顶。大家可以根据个人喜好和预算进行选择。吊顶是装修里难度比较大的工程，也是隐蔽工程，稍不注意就会有后期返工的风险。我将吊顶施工时的一些细节总结如下。

需要注意的吊顶施工细节

步骤	施工细节
确认材料	开工前确认主料和辅料的品牌、数量和质量，三者缺一不可
确认吊顶位置	提前弹线，标出吊顶的位置，确保吊顶平直
固定龙骨	先固定边龙骨，然后用丝杆和膨胀螺钉固定主龙骨和吊筋，最后再安装副龙骨。注意龙骨吊杆间距应小于 120 cm，龙骨间距应小于 40 cm，距离太大不稳固
封石膏板	石膏板之间要预留 1 cm 宽的距离，防止后期因热胀冷缩而挤压变形
固定螺钉	固定的螺钉要密集，不能太松散，应确保吊顶坚固
涂防锈漆	固定工作做好后，要在螺钉处涂防锈漆，防止金属螺钉生锈，不然后期吊顶的地方可能会渗出锈渍，非常难看
贴网格布	石膏板接缝处要用网格布或胶带粘贴好，防止后期开裂
预留灯口	记得预留顶部灯口的位置，不然后期很麻烦，特别是要做无主灯设计和轨道灯设计的情况

先固定边龙骨

再固定主副龙骨

（2）木工工程如何省钱？

木工工程省钱技巧

省钱技巧	省钱力度
少做即省钱	很大
按量计算	很大
不做吊顶	很大
省石膏线	大
少做造型	大
改色翻新	大

●少做即省钱

木工工程大多数都是按照材料的使用量来计费的，越少做木工，材料就用得越少，人工费也越少。所以，用成品代替手工制作，是木工工程省钱的第一要素。

●按量计算

有些工人提出按天跟你结算工资，而木工活是很容易拖延工期的，而且业主根本看不出来。建议选择按量或按米计算的木工，价格能差出好多。

●不做吊顶

越来越多的业主喜欢简约的装修风格，化繁为简，只用简单的装饰条进行点缀，毕竟做个局部吊顶要花费很多钱，这部分钱完全可以省下来。

●省石膏线

石膏线价格差异比较大，建议选择性价比高的石膏线，因为后期要在石膏线上重新刷涂料，会被完全覆盖。

●少做造型

木工里造型越多、复杂程度越高，越费钱。当下流行的造型有可能过两年就不流行了，简约大气才是永久流行的元素，别轻易给家里做各种"花里胡哨"的样式。

●改色翻新

如果家里有造型不错的旧家具，那么可以自己对其进行改色，操作简单，还省钱。

4　泥瓦工程省钱技巧

常见的泥瓦工程主要有做防水和铺贴瓷砖两大项。在泥瓦工程里，最重要的一项材料就是水泥。提醒大家注意，水泥出厂超过 3 个月，几乎就不能用了。在泥瓦工施工之前，一定要先检查水泥是否变质。将水泥和水混合在一起，如果不出现结块现象，而是粉状的，就证明水泥过期了。

（1）防水工程

大部分装修公司会告诉你，做防水的标准是卫生间淋浴区刷180 cm 高防水层，其他墙刷 30 cm 高防水层。这是标配，低于这个标准肯定是不合格的。

那么有没有更高的标准？当然有，比如四面墙全部刷180 cm 高或者全部刷满。在签装修合同前一定要谈好，这也是可以让你免费升级的项目之一。

有些业主只在厨房和卫生间做了防水，而忽略了阳台的防水，特别是阳台有洗衣机和种有花草的情况。阳台放洗衣机的地方防水层要做到 1 m 高。

防水最好全部刷 180 cm 高

（2）瓷砖铺贴

铺贴瓷砖之前最好让商家出铺贴图，以便精准地计算瓷砖用量。铺贴瓷砖是个精细活儿，千万别催师傅赶进度，不然受苦的是你。铺贴完毕后要在地面铺上保护层，防止后期油工干活时损坏和污染瓷砖。

地面保护

●避免瓷砖磕碰

瓷砖进场摆放的时候，每块都要分隔开，防止磕碰和划伤。

●预埋"石基"

在铺贴浴室瓷砖的时候，一定记得预埋"石基"，也就是我们常说的挡水条。石基要选择大理石的，不要选 PVC 的。

●墙面、地面找平

贴砖之前，不管地面还是墙面，都要先找平，可以用水泥砂浆找平。这是很重要的一个环节，十分考验瓦工的手艺。

●注意瓷砖花纹

如果铺贴的是大理石花纹瓷砖，那么瓷砖与瓷砖之间的花纹是能够连起来的。瓷砖背面一般会有箭头，按箭头顺序铺贴即可。铺贴的时候要使用十字定位器，这样会更整齐。

隔开摆放，避免磕碰

墙面找平

使用十字定位器，保证砖缝大小均匀

瓷砖纹路可以连起来

（3）泥瓦工程如何省钱？

泥瓦工程省钱技巧

省钱技巧	省钱力度
二次核对	很大
遮挡处用纯色砖	很大
用瓷砖代替高价石材	很大
不要腰线	大
自己做美缝	大
利用边角料	适中

● 二次核对

商家计算完瓷砖数量和价格后，一定要自己再核算一下。有的时候工人会根据面积多计算一些，不细心的话，很难发现，特别是门窗和门洞的面积。

● 遮挡处用纯色砖

橱柜后面被遮挡起来的墙壁上可以用便宜的纯色砖，因为后期会被橱柜完全遮住。只需要保证露出来的中间部分是喜欢的样式即可，这样能省不少钱。

● 用瓷砖代替高价石材

如果家里有窗台石、飘窗石的需求，不妨用瓷砖替代，比大理石、人造石的造价低很多。

瓷砖上铺做窗台

橱柜后面的墙壁上铺贴的是便宜的纯色砖

●不要腰线

很多业主喜欢在卫生间的墙砖上做腰线，觉得很好看，但做腰线会增加材料费和人工费，而且由于腰线的接缝比较多，后期做卫生也很麻烦。

有腰线墙砖　　　　　　　　无腰线墙砖

●自己做美缝

一般瓷砖铺贴的施工是不包含美缝的。如果加上美缝，那么要多花几千块钱。所以，如果你愿意付出一点辛苦的劳动，那么完全可以网购美缝剂，自己做美缝，施工过程并不复杂。

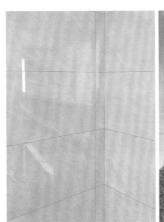

自购美缝剂做美缝更省钱

 小提示

等瓷砖彻底干透后，再进行美缝

像卫生间这种比较潮湿的地方，要记得铺贴完瓷砖后等 1～2 周，瓷砖缝隙彻底干透后，再进行美缝施工，不然后期很容易脱落。

●利用边角料

铺贴时，在切割瓷砖的时候会留下一些边角料。不要把它们当垃圾扔掉，它们在有些小地方或许会派上用场，比如用边角料做隐形地漏上方的装饰，或者给家里的花花草草做个小范围的瓷砖平台。

5　油漆工程省钱技巧

油漆工程主要指的就是墙面基层处理和刷涂料工程，当然，在有些家庭还包含家具的翻新。

（1）墙面基层处理

油工施工的时候，要注意的细节比较多，先来介绍一下刷涂料前期的准备工作。

●清洁

施工前要先彻底清洁墙面，擦掉多余的粉尘，避免后期墙面出现颗粒。

●确认材料

确定要用的墙面材料，是涂刷乳胶漆，还是贴壁纸、壁布，又或是想要装饰墙。

●铲除腻子

先铲除原有的腻子，亲水腻子比较好铲除，如果是非亲水腻子，则比较难处理，工人还会要求加钱。

●涂刷界面剂

界面剂也叫墙固，起到固化墙体的作用，可增加装饰面的稳定性。

腻子要处理干净

黄色部分刷了墙固

●挂网

如果有新旧墙体的结合，那么一定要在新墙和结合处挂网。还要做植筋处理，防止后期墙面出现裂缝。

●包角

所有墙角，包括阳角、阴角都要做包角处理，防止磕碰导致墙角损坏。

●批刮腻子

建议批 2 ~ 3 遍腻子，每批完一遍腻子，要等其完全干透后再批下一次。

新旧墙体结合处要做挂网处理

包角处理

等腻子干透了再批下一次

●打磨

在刷乳胶漆之前应对墙面做打磨处理。打磨的时候最好手上提着灯，照着局部区域，一个区域打磨平整后再进行下一个区域。

●检查

先别让师傅涂刷乳胶漆，腻子批完后最好自己检查一下，墙面平整、无明显颗粒感后，再刷乳胶漆。另外，记得多留 2 ~ 3 袋腻子备用，方便以后修补。

（2）涂刷乳胶漆工程

涂刷乳胶漆时也要注意一些细节。

●调色

不管是网购的乳胶漆，还是线下购买的，都一定要让师傅现场调色。任何乳胶漆都是有色差的，无法做到和色卡一模一样。

●试色

师傅调完色之后一定要试色，可以在墙上不起眼的地方选择一小块来试色。我涂刷在了电视墙上，因为正好电视墙要做板材，后期可以遮住。

●保护

对地面、门窗要进行保护，不然滴上乳胶漆，后期很难清理。

●稀释

乳胶漆兑水是工人经常做的事情，不是说兑水就一定不好，有些时候乳胶漆太过黏稠，不兑水反而会有痕迹。但乳胶漆兑水讲究配比，一般浅色漆不要超过 15%，深色漆不要超过 5%。

●刷底漆

一定要刷底漆，不刷底漆会影响后续面漆的呈现效果，还有可能会出现气泡，甚至导致墙皮脱落。

●过滤

乳胶漆调完之后用过滤网多过滤几遍，这样才能尽量避免后续涂刷时出现颗粒和刷痕。

现场调色、试色

过滤乳胶漆

●涂刷方式

常见的涂刷方式有刷涂、喷涂和滚涂，其中使用刷子刷涂的效果是最差的。

喷涂和滚涂对比

涂刷方式	特点	适用	图示
喷涂	色彩均匀，但是漆膜比较薄，比较费漆。必须兑水三分之一以上，不然喷头会堵，喷不出来	如果你家里是白色墙面，那么直接喷涂就可以了	
滚涂	操作比较方便，也可以节省乳胶漆，建议选短毛滚刷，减少刷痕	如果你家里用的是彩色漆，那么建议滚涂，缺点是会有刷痕，这是无法完全避免的。刷痕的轻重取决于工人的技术水平	

●封闭门窗

刷完漆，在晾干的过程中记得不要开窗户，否则漆面可能会有裂缝。贴壁纸的话也是如此，贴完壁纸后关闭门窗一周，待底胶凝固之后再开窗通风。

需尽量无痕涂刷

 小提示

喷涂前，做好保护工作

喷涂之前一定要对家里的门窗、家具、地面以及中央空调出风口等做好保护工作，不然到处都是喷溅的漆。

（3）壁纸铺贴

铺贴壁纸时要注意以下细节：

● 选材

一定要挑选防潮且耐清洁的材质。

● 对齐图案

如果墙纸上是成片的整体图案，那么先对齐图案，再拼缝。

● 挤气泡

在壁纸铺贴的过程中会有气泡产生，要将气泡挤出。先将小气泡合并成大气泡，再一并挤出。

● 涂刷防潮涂料

贴好之后最好再刷一层防潮涂料，防止日后壁纸发霉或脱落。

● 清洁

防潮涂料干透后，对墙纸进行表面的清洁工作，用干抹布擦拭即可。

（4）油漆工程如何省钱？

油漆工程省钱技巧

省钱技巧	省钱力度
减少工程量	很大
局部挂网	很大
复核用量	大
减少铲除腻子的面积	大
涂刷底漆	适中

● 减少工程量

如果原始墙体不太老旧，家里有柜子等家具遮挡的墙面，就可以不用刮腻子和刷涂料。特别是做全屋定制的家庭，基本上不会挪动定制柜，即便墙面开裂了也不会被看到。

● 局部挂网

全屋挂网会产生一笔不小的装修费用。如果不是新砌的墙体，想要节省成本，那么承重墙可以不挂网，非承重墙可以局部挂网。

●复核用量

自己核算一下乳胶漆的用量，看工人在计算乳胶漆用量时，是否去除了门窗的面积。

●减少铲除腻子的面积

不铲除原防水腻子，可以省很多钱，但原始墙体如果有空鼓和裂缝，则要提前处理，用纸绷带封上石膏再刮腻子。

●涂刷底漆

面漆比底漆贵，一定要先刷底漆。刷底漆不但可以节省 20% 的面漆，还能使面漆的呈现效果更好。

6　安装工程省钱技巧

安装工程的省钱方式主要体现在购买产品的精打细算上，以及安装过程中的自购配件上。在所有项目安装之前，要先电话咨询商家安装配件是否支持自购，因为很多安装配件的师傅上门安装时提供的配件价格都比较贵。

硬装所需的安装项目、进场时间和注意事项

安装项目	订购时间	进场时间	注意事项
全屋定制	水电施工前	油工后	确认柜子和水电的结合方案，并且在吊完顶、批完第一遍腻子后进场复尺
地板	油工前	油工后	特别注意地面找平，要铺防潮垫
门	油工前	地板安装后	门一般都是定制的，一定要量好尺寸
洁具	门安装后	门安装后	确认洁具安装的位置是否影响开关门
开关、插座	随时	油工后	安装后需要测试是否有电
灯具	随时	硬装结束	不要单独让商家安装，按"个"收费很贵，网上有打包价，所有灯一起安装更划算
家电	水电施工前	水电施工同时	中央空调、热水器
	定制柜安装前	定制柜安装后	洗碗机、蒸烤箱、洗衣机、抽油烟机
	硬装结束	硬装结束	电视机、冰箱、净水机等
窗帘	硬装结束	硬装结束	有电动窗帘的话，应提前布置插座和吊顶

选购中央空调三分看品牌，七分看安装。再好的品牌，安装不好，后期也会问题频出。所以我们在选购时应尽量让商家安排技术好的安装师傅。

（1）安装前的准备工作

安装师傅和工长确定所有管路的走向、室内机位置、出风口位置（出风口不要有障碍物），全部在墙上标记更好。

（2）安装

铜管要配合吊卡，用弯管器连接。要预留排水孔，避免排水不顺畅。安装完成后记得保压，测试气密性，还要运行机器，检查室内机是否漏水。

最好将图画在墙上

（3）室内机安装

在距离顶部 1 ～ 2 cm 处安装，避免震动产生噪声（隔声棉也要包裹厚实）。如果室内机靠窗，那么记得预留出窗帘盒的位置。安装好室内机后要用罩子罩好，全屋都装修完之后再摘掉。

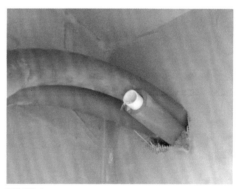

测试排水

（4）室外机安装

室外机位置要通风顺畅，若有遮挡物，则需要用架子将室外机架起来。一般中央空调自带的架子比较贵，且材质是镀锌的铁架。建议找安装师傅要尺寸，自己买 202 不锈钢的架子，可便宜一半价钱。要尽量买满焊的，点焊没有满焊的承重能力强。

室外机安装位置优先考虑阴面，避免阳光暴晒，同时应注意离卧室远一些，噪声小。

需要验收哪些细节？

　　不管你的工作有多忙，在装修中也不能完全做"甩手掌柜"，要时不时去现场做一下监工。否则交房后容易"漏洞百出"，到时候再改就为时已晚了，可能要花更多冤枉钱。

　　装修工程的验收环节非常重要。在所有施工环节中，水电改造、吊顶、瓷砖铺贴、防水工程等是比较重要的，需要认真进行验收。下面我把这些工程的验收细节整理出来供大家参考。

1　电路改造验收细节

电路改造验收细节

序号	验收细节	省钱力度
细节1	检查管线是否绕路	很大
细节2	检查电器位置	很大
细节3	确认走线是否混乱	较大
细节4	检查接线盒和电线的使用情况	较大
细节5	检查套管情况	较大
细节6	检查电线抽拉情况	较大
细节7	检查插座位置和个数	较大
细节8	检查是否预留线头	一般
细节9	检查强弱电布线	一般
细节10	全屋电路检测	一般

（1）电器位置

检查电器位置看是否是按照原定的电路方案预留的，如果对不上，就会影响后期电器的正常使用。

重要电器的位置不要出差错

（2）走线是否混乱

专业的水电师傅走的线会很规整，如果走线很乱，则后期维修起来会非常麻烦。墙面尽量不要开横槽，否则会破坏墙体的承重结构，容易有安全隐患。特殊情况的横槽长度也不能超过 50 cm。

横槽长度不能超过 50 cm

（3）接线盒和电线

相邻的两个接线盒要用连体盒，线盒的深度应凹于墙面 5 mm 以上。应确认火线、地线、零线三种线的颜色有无区分。

接线盒

（4）套管的情况

套管一般有 16 mm 口径和 20 mm 口径的，16 mm 口径的里面不要超过 3 条线，20 mm 口径的里面不要超过 4 条线，并且同一个套管内只能是同一回路的线，不能与其他回路掺和在一起。

（5）电线抽拉情况

要检查电线是否可以抽拉出来，方便日后检修。为保证电线可以抽出，线路拐弯处要设置成大于 90°。

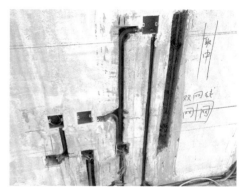

线路拐弯处要设置成大于 90°

（6）插座位置和个数

再查一遍插座是否够用，如果临时发现少插座或开关的情况，要赶紧补上，不然会影响以后的居住体验。

（7）强弱电布线

强弱电要分开布线，不能共管共盒，交叉部分要用锡箔纸做特殊处理。

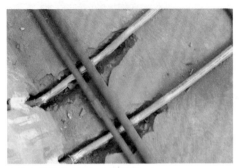

电线交叉的地方要包上锡箔纸

（8）电路检测

上述所有细节检查完毕后，用兆欧表检查电路的绝缘情况，防止短路或断路，再用相位仪检查所有插座是否有电。

使用相位仪检测电路

2　水路改造验收细节

水路改造验收细节

序号	验收细节	省钱力度
细节1	检查水管走向	很大
细节2	检查厨卫空间的水管是否走顶	较大
细节3	检查排水口	较大
细节4	检查下水管是否包裹隔声棉	一般
细节5	打压试验	一般

（1）水管走向

遵循"走竖不走横"的原则，冷热水出水口要水平，且两者相距15 cm，左热右冷。

水管走竖且左热右冷

（2）水路走顶

厨房和卫生间的水管要尽量走顶，因为大部分厨卫吊顶是使用铝扣板的，后期好拆卸。

（3）排水口

检查是否临时做了封口措施，避免杂物堵塞管道。若没有封口，有杂物掉落，则需要进行疏通处理。

（4）下水管是否包裹隔声棉

下水管要包裹隔声棉，特别是卫生间的下水管。

（5）打压试验

最后进行打压式验，将打压器打压到 0.8 MPa，1 小时后数值下降不能超过 0.05 MPa，否则说明漏水，需要检查漏水点并进行整修。

3　木工工程验收细节

木工工程验收细节

序号	验收细节	省钱力度
细节 1	检查板材种类	很大
细节 2	检查石膏板缝隙	很大
细节 3	检查吊顶防锈漆	较大
细节 4	检查防潮性能	较大
细节 5	检查门洞	一般
细节 6	检查家具的牢固性	一般

（1）板材种类

木质板材种类繁多，在木工施工的时候，我们一定要多次确认工人使用的板材是否为自己订购的板材，避免被以次充好或者在施工过程中"偷梁换柱"。

（2）石膏板缝隙

安装石膏板时，注意石膏板之间应预留1cm距离，缝隙处还要用网格胶贴上。如果没有，就要返工，不然热胀冷缩会导致挤压变形，使吊顶开裂。

石膏板之间要预留伸缩隙

缝隙处粘贴网格胶

（3）吊顶防锈漆

吊顶固定好之后，要检查是否在螺钉处涂了防锈漆。这非常重要，不然后期屋顶就会锈渍斑斑。防锈漆可以自己买。

（4）防潮性能

所有木工工程都要做防潮处理，特别是墙壁和顶部。如果没有做，就必须补上，不然入住后墙壁、顶面是非常容易发霉和开裂的。

螺钉处涂防锈漆

（5）门洞

检查门洞、门套与墙体是否紧密贴合、有无缝隙，门套是否垂直，避免出现使用久了门关不严的情况。

（6）家具的牢固性

如果请木工打柜子，那么除了要检查材质是否合格，还要检查家具的牢固性，避免在使用过程中出现散架的情况。

门套与墙体之间要垂直无缝隙

4　防水工程验收细节

防水工程验收细节

序号	验收细节	省钱力度
细节 1	检查灰尘、杂物	很大
细节 2	检查防水涂刷的次数	很大
细节 3	检查边角防水	很大
细节 4	检查保护措施	大
细节 5	闭水试验	大

（1）灰尘、杂物

做防水的第一步是清理防水区域的灰尘和杂物，在验收时要检查防水漆表面有无颗粒状的物质存在。

（2）防水涂刷的次数

要在现场盯紧师傅，看防水涂刷的次数够不够。先做墙面防水，再做地面防水，防水要刷三遍，并且在上一遍防水干透之后再做下一遍防水。

（3）边角防水

窗户和门洞也要做防水翻边，不然有可能导致渗水。

（4）保护措施

检查是否对水管和地漏做好了加固和保护，否则后期容易漏水。

地漏要封起来，做好保护

（5）闭水试验

做完防水，要记得做 48 小时闭水试验，然后去楼下邻居家查看，或者让物业通知邻居检查房顶是否漏水。确定不漏水，防水工程才算安全。

48 小时闭水试验

5　瓷砖铺贴验收细节

瓷砖铺贴验收细节

序号	验收细节	省钱力度
细节 1	检查瓷砖是否完好无损	很大
细节 2	检查有无空鼓	很大
细节 3	检查瓷砖缝隙是否对齐	很大
细节 4	检查切割处是否整齐	大
细节 5	检查排水坡度是否合理	大

（1）瓷砖是否完好无损

检查瓷砖表面是否平整，有没有划痕，边角处有没有缺失，确保每一块露出来、看得到的瓷砖都完好无损。

（2）有无空鼓

用空鼓锤敲击瓷砖中心部分，发出"咚咚"的响声即为空鼓。贴瓷砖允许有空鼓，一般会算进损耗里。但要提前商量好损耗比例，通常每 100 片砖可以有 1 片损耗。空鼓砖要返工，并计入损耗内。

用空鼓锤敲击瓷砖

（3）瓷砖缝隙是否对齐

检查瓷砖缝隙是否对齐，特别是边角不易察觉的地方。检查瓷砖对齐的四个角是否存在高低不平的现象。如果有，就要返工，不然会影响后期美缝的施工。

边角处缝隙也要对齐

（4）切割处是否整齐

一般都会在瓷砖上开孔预留插座、电源等设备，要仔细检查开孔切割处是否整齐，边角是否切割得干净。

切割处要整齐

（5）排水坡度是否合理

有地漏的地方就需要做排水，瓷砖也要做出合理的坡度。一般排水坡度在 1% ~ 3% 之间，要检查排水是否顺畅。

检查排水坡度是否合理

6　油漆工程验收细节

油漆工程验收细节

序号	验收细节	省钱力度
细节1	触摸检查	很大
细节2	观察检查	很大
细节3	检查墙体色彩是否均匀	大
细节4	检查石膏线	大
细节5	查缺补漏	适中

（1）触摸检查

用手触摸墙体表面，感受有无颗粒感和粗糙感。若颗粒感比较重，则需要返工。

（2）观察检查

观察墙体表面是否有严重的刷痕，边角处（特别是颜色交接处）是否平整，是否残留有美纹纸的痕迹。若出现上述问题，则需要重新返工或部分返工。

（3）色彩是否均匀

检查墙体的颜色是否均匀，有无明显的深浅变化。若有，则需要找工人探讨是什么原因造成的。

（4）检查石膏线

石膏线也是要刷涂料的，应检查石膏线处是否做了刷涂料处理。

（5）查漏补缺

进家具家电的时候，难免会有磕碰的地方。应提前跟工人商量好，留出补漆的用料和未来可能补漆的用料。

拼色墙的拼接处色彩均匀，涂刷整齐

146

❖── **本章小结** ──❖

◎根据自己的时间和预算判断适合什么样的装修方式。是装修公司，还是装修队？是清包、半包、全包，还是整装？适合自己的才是最好的。

◎装修前一定要多考察，总结多方经验和教训，快速识别装修套餐中的套路和合同套路，避免在后期工程中给自己带来较多的增项。另外，一定要记得签补充合同。

◎装修各个环节中都有省钱的技巧和方法，掌握这些方法可以让你在施工过程中避免很多麻烦，也能少花冤枉钱。

◎对于每个阶段的装修，监工和验收过程都是必不可少的。了解监工和验收的细节，能帮你在施工中减少很多不必要的损失。

第**5**章

省软装

全屋定制家具如何省钱?
家具选购如何省钱?
家电选购如何省钱?
软装搭配省钱技巧

如果说硬装的主要目的是为了满足基本的生活需求,那么软装的目的就是改善我们的生活品质。在装修后期,我们应该多预留出一些预算做软装设计,让其发挥出锦上添花的作用。如果软装搭配得当,就能节省一部分硬装费用,也会为整个装修省上一笔不小的数目。

全屋定制家具如何省钱？

全屋定制几乎是现在家庭装修中软装设计的第一步，比之成品家具，它拥有很多优势：

①色彩、风格更容易统一，整体呈现效果比较好。

②板材多样，很多板材商都拥有自家工厂，便于业主甄别板材和加工工艺的好坏，而成品家具原始的样貌比较难看到。

③款式多样，空间布局灵活度高，可以根据个人需求进行设计和制作。

④可以根据空间尺寸进行布局，比如定制通顶的定制柜，保证无卫生死角。

⑤对业主来说比较省心，省去了挑选家具和搭配的宝贵时间，找个靠谱的设计师，款式、风格可一次搞定。

越来越多的业主会选择全屋定制的形式来完成软装家具的搭配，但全屋定制品牌众多，稍有不注意就会踩"坑"。因此，要想买到高性价比的全屋定制产品，就要多了解全屋定制的选购标准和各组成部分的选购细则。

1　全屋定制家具选购标准

选购全屋定制家具的时候我们应对板材、五金、规格、加工工艺等有一定的了解。

（1）板材

目前我国国标板材等级分为 E_0 级、E_1 级和 E_{NF} 级。要特别强调的是，环保等级不是随便说说就可以的，一定要找商家要环保等级证书查询真伪。

板材等级与甲醛释放限量值

板材等级	甲醛释放限量值
E_1 级	$\leq 0.124\,mg/m^3$
E_0 级	$\leq 0.05\,mg/m^3$
E_{NF} 级	$\leq 0.025\,mg/m^3$

颗粒板和欧松板用得较多，颗粒板多用于全屋定制家具，欧松板多用于护墙板的衬板。颗粒板比较常见的品牌有大亚、福人、露水河等，性价比较高，选择的人也较多。

板材优缺点对比表

板材	优点	缺点	应用场景
颗粒板	稳定性强，价格便宜，性价比较高	防潮性一般，门板不能做造型	柜门、柜体，应用广泛
欧松板	防潮好，环保性较好，稳定性强，平整度高	平滑度差，价格稍贵，样式选择较少	柜门、柜体、背景墙衬板
多层板	防潮性较好，握钉力强，结构稳定性强	用胶量大，环保性差，可塑性差，容易变形	柜体、浴室柜，不能做门板
密度板	平整度较好，门板可以做造型	防潮性差，环保性差	柜门，应用较少
生态板	环保性好，比较容易加工	防潮性差，容易变形	背景墙衬板
禾香板	由秸秆压制而成，MDI无醛胶，环保性能优秀	硬度高，易开裂，防潮性一般，价格偏高	柜门、柜体，柜体应用较多

板材的封边工艺有激光封边、PUR封边、EVA封边。激光封边采用的是激光焊接，不用胶，环保性最高，并且外观没有胶痕，比较美观；PUR封边用的是液体胶水，用胶量比较小，环保性次之；而EVA封边是用热熔胶，用胶量比较大，环保性较差，且胶痕明显，不美观。所以，要尽量选择激光封边的板材，可以大大降低甲醛的释放量。

PUR封边和激光封边

（2）五金

全屋定制家具涉及的五金种类比较多,比如铰链、抽屉轨道、反弹器、拉手、衣杆、拉篮等。进口五金的质量相较国产五金好一些,进口五金以百隆和海蒂诗等品牌比较出名。如果商家自带的五金就是这两个牌子,那么可以作为优先考虑,能省下不少钱。

百隆铰链　　　　　　　　　　　　　百隆抽屉

（3）种类选择

全屋定制家具主要可分为两大类: 一类是橱柜和浴室柜; 另一类是储物柜,包括衣柜、书柜、餐边柜等。基于橱柜和浴室柜使用环境的特殊性,应尽量选防潮性好的板材,比如欧松板。不建议用多层板,虽然其防潮能力不错,但用胶量大,环保性差,不适用于卫生间或厨房这样狭小的空间。

关于橱柜,有几个很重要的参数,见下表。

橱柜参数

参数	要求
橱柜门板厚度	≥ 18 mm
吊柜背板厚度	≥ 5 mm (9 mm 更好)
地柜顶面	要有顶板或垫板
橱柜台面厚度	≥ 15 mm (20 mm 更好)
石英石台面石英砂含量	≥ 93%

●板材数据

橱柜门板厚度至少要有 18 mm，有些商家会做成 16 mm 厚的，用久了容易变形，18 mm 厚的更加稳固。吊柜背板厚度至少要有 5 mm，能做到 9 mm 厚的更好，这关系到吊柜的承重性，尤其是用吊柜放重物的情况。

地柜上最好放置顶板或有加固措施，不然承重性不足。若在顶板下面再加一层垫板，则会更加牢固。

橱柜地柜顶板　　　　　　　　　在顶板下面加个垫条，承重性会更佳

●台面材质

橱柜台面优选性价比较高的石英石，台面厚度至少要有 15 mm，能做到 20 mm 厚的更好。应选择石英砂含量大于 93% 的，不容易有污渍渗透。

以上参数是做橱柜定制的最低标准。还有一些细节，比如水槽下方的柜体，应尽量用铝箔板（将铝箔与板材固定成一体，而不是仅贴一层铝箔纸）。此外，还要问清楚质保年限，好的品牌基本都是 5 年质保，有的品牌质保 10 年。

水槽下面的铝箔板，防潮性好

2　全屋定制家具中的增项费用

在选购全屋定制家具的时候，商家一定会推荐套餐，我们除了要问清楚上述的材料和规格，还要问清楚其他附加费用。不要觉得 888 元或 999 元 1 延米的柜子价格很便宜，就冲动下单了，因为套餐中很可能只含 3 延米的标准柜子，其他什么都不含，后面需要你加钱的地方有很多，总价算下来反而更贵。

（1）抽屉

很多套餐的价格里不包含抽屉，需要业主单独加钱。每个抽屉的价格在 200 ~ 600 元之间。部分商家有定制 5 m 以上的地柜，额外赠送 3 个抽屉的活动，但仅适用于厨房面积比较大的。若使用进口百隆抽屉，则是需要额外加钱的。因此在确认好抽屉的数量和样式后，一定要跟商家沟通好价格，并落实在订单或合同上。

百隆钢帮抽屉和百变星玻璃抽屉

（2）升级五金

附加五金都是需要额外付费的，属于升级五金的费用。比如商家自带国产铰链，如果你想要进口品牌，就要额外付费。现在比较流行的碗篮、调料篮、升降拉篮等，都是需要额外付费定制的。抽屉升级也属于五金升级，诸如此类的需求都涉及增项费用。

抽屉拉篮

吊柜中的升降拉篮

（3）特殊五金

除了需要升级的基础五金，还有一些特殊五金，有的商家是会额外收取费用的，比如拉手（个别商家有免费款，但都不太好看，好看的大部分都要自费），衣杆、裤抽、拉直器、玻璃门、天地合页等。如果做一门到顶的柜子，且室内净高超过 2.4 m，那么柜门上都需要加装拉直器，不然门板容易变形。

如果想给衣帽间做高颜值的玻璃门，那么也需要额外付费。玻璃门的造价比较高，根据玻璃质量不同，需要大几千到上万元不等。除非家里东西摆放得非常整齐，否则不建议安装玻璃门。天地合页是专门配合玻璃门使用的，仅为了美观，因为玻璃门使用普通铰链会透出来。

衣服能整齐摆放的才建议装玻璃门

（4）特殊工艺加工费

在进行柜子加工的时候，由于各家房型不同，难免会涉及一些特殊工艺，尤其是厨房，常见的有高低台面、钻石角、切角、包管等。这些特殊需求都要在签订合同之前就跟商家确认好，避免施工的时候工人加价。

在高低台面下放洗衣机、烘干机

燃气管包管

（5）非标费用

什么是非标费用？举个例子，为了防止厨房出现卫生死角，想做到顶的吊柜，就属于非标尺寸，也就是需要加高吊柜。另外，一般商家地柜的标准高度是80 cm，但如果做饭的人比较高，这个高度切菜时需要经常弯腰，就需要加高地柜，做到90 cm 或95 cm。涉及非标的地方都要提前跟商家谈好增项价格。

非标吊柜

（6）其他增项费用

除了上述增项费用，还有一些小地方也会有额外的费用，比如有些柜子会露出侧面部分，这时就需要增加见光板（一般按面积来计算价格）。橱柜做弧形挡水条，也是有增项费用的。现将常见的全屋定制增项费用作了整理，见下表。

常见的全屋定制增项费用

增项项目	价格	具体说明
抽屉	100 ~ 300 元 / 个	有些商家会赠送 2 ~ 3 个抽屉
拉篮	500 ~ 2000 元 / 套	包含碗盘篮、调料篮、升降篮等
拉手	50 ~ 100 元 / 个	普通款免费，升级款需要付费
衣杆	50 ~ 100 元 / 个	有些包含在板材费用里
拉直器	100 ~ 200 元 / 个	柜门过高时要用，可防止门板变形
玻璃门	500 ~ 1500 元 /m²	常用在衣柜上或衣帽间中
天地合页	500 ~ 800 元 / 对	常用在玻璃门上
包管	100 ~ 200 元 / 个	厨房下水管道包裹材料费和人工费
钻石角	300 ~ 500 元 / 个	橱柜拐角处钻石角的加工费
见光板	800 ~ 1200/m²	作用是装饰面板表面

续表

增项项目	价格	具体说明
非标高	800 ~ 1200 元 /m²	地柜或吊柜超出标准高度的费用
台下盆加工	100 ~ 300 元 / 个	水槽与台面固定加工费
高低台面	20 ~ 80 元 /m	做不同高度台面的材料费
升级抽屉	500 ~ 1000 元 / 个	普通抽屉升级为进口抽屉，木帮抽屉升级为钢帮抽屉
升级铰链	100 ~ 400 元 / 个	普通国产铰链升级为进口铰链

3　尺寸的重要性

一定要找靠谱的全屋定制设计师。设计师一般会先上门量尺，然后再根据大致尺寸设计出柜子的样式。在贴完瓷砖、吊完顶，并且批完第一遍腻子之后，设计师会第二次上门复尺，然后出详细的平面尺寸图。记得跟设计师保持紧密沟通，要想做出严丝合缝的柜子，就要多下功夫，反复确认每个尺寸和规格。

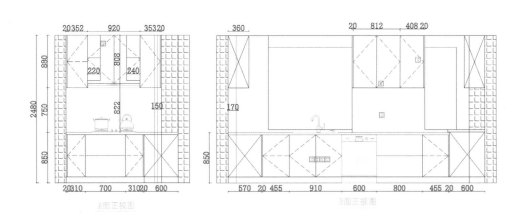

橱柜平面尺寸图

在全屋定制设计师第一次上门时就要确定好水电布局，这样设计师才能够根据水电位置设计柜子，特别是卫生间、厨房、餐边柜这种电源比较多的地方。

4　自购配件可以省大钱

在商家允许的情况下，很多全屋定制配件可以自己购买，比商家配的便宜很多。下面列举 3 种自购省钱最多的配件。

（1）拉篮、收纳盒

拉篮自带分区，可以很好地收纳物品，业主可以在网上自行购买拉篮。当然，还有一种更加省钱的好办法，就是自己购买收纳盒。一方面，可以对柜子和抽屉的内部空间进行分类；另一方面方便打扫卫生，直接拿出来清洗就行，避免拉篮用久了，不好清理缝隙。

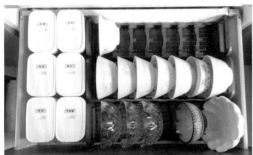

自购收纳用品，对厨具和餐具进行分类

（2）裤抽

裤抽是衣柜中不可或缺的五金件，不仅可以最大限度地利用衣柜内部空间，还能增加裤子的收纳数量，其线上购买价格几乎是线下的三分之一。之前我想要订某品牌的裤抽，商家报价 330 元 / 个，而同品牌产品在线上购买，促期时才 100 元 / 个，便宜很多。

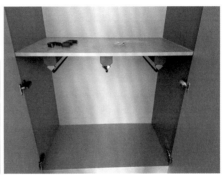

自己购买，自己安装裤抽

自己安装完成的裤抽，裤子的收纳力变强

（3）水槽龙头

水槽龙头应尽量自己购买，并选择可以自己购买的全屋定制商家。线上购买大品牌水槽龙头时，要提前确认好尺寸，然后把水槽龙头直接寄给全屋定制商家。他们会做后期加工，将水槽与台面固定在一起，最后上门安装。

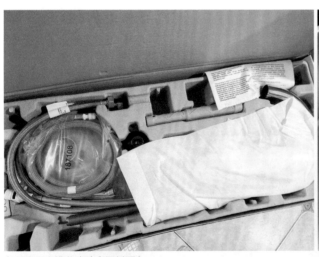

自己购买水槽龙头（全铜材质）

家具选购如何省钱？

家具的价格差异很大，便宜的几百元，贵的从十几万到几十万元的都有，选购家具的时候应该结合自己的经济能力和预算。如果预算不是很充足，那么可以先买一些必要的家具，比如沙发、床等，其他的慢慢采购，不必一次性买完。

1　家具选购的省钱技巧

家具分为定制家具和成品家具两大类，前面已经讲过了全屋定制的省钱技巧，现在再来说说购买成品家具如何省钱。

家具选购跟我们的生活息息相关，决定着我们生活的舒适度和品质。很多业主或许觉得贵的家具才是好的，其实不然，有很多实用性很强的家具价格并不高。

（1）实用性第一

有些业主在购买家具的时候比较看中品牌和样式，而忽略了家具最基本的功能和耐用性。购买家具时要把实用性放在第一位，品牌和样式次之，更不要盲目追求所谓的"网红款"，或者花大价钱购买知名设计师设计的家具，买回来很可能跟家里的风格不搭。

轻便的玻璃小茶几

159

（2）关注优惠活动

赶在节假日、店庆或大促的时候统一采买是最基本的省钱方法，那时商家会发出很多优惠券，折扣力度也很大。这个时候买价格比平时更划算。如果刚好赶上喜欢且价格合适的，就可以入手了。

（3）购买二手家具

现在越来越流行二手家具店。有些家具买来用几年，样式不喜欢了，我们就可以直接折旧卖给二手家具店，同样也可以从二手家具店买入二手家具。有些业主的家具用了几年，维护得很好，有八九成新，特别是一些复古式家具，更看不出旧的痕迹，以这种方式购入是能省很多钱的。

二手家具

（4）购买多功能家具

前面说了家具的实用性比较重要，那么在购买家具时，我们可以寻找一些具备多功能特性的家具，比如沙发床。沙发床可以作沙发和床两用，如果是八九平方米的小书房或小卧室，就可以放一个沙发床，平时当作沙发来用，若有亲戚朋友留宿，打开就变成床，可供客人休息，既经济省钱又物尽其用。

类似的家具还有椅梯、升降茶几、多功能穿衣镜等，这类家具不仅可以满足我们不同的生活需求，还更加经济实惠。

沙发床

椅梯

多功能穿衣镜

升降茶几（打开是桌子）

（5）在同一家店购买

在购买家具的时候，无论是网购还是线下购买，应尽量在同一家店挑选，因为很多时候多件购买还可以"折上折"，比单独购买更加便宜。

（6）买样品

商家在展示家具的时候都是使用样品，如果你不嫌弃样品，就可以直接买，能省很多钱。此外，样品一般已经摆放了一段时间，甲醛释放得也差不多了，更环保。

总之，在购买家具之前，我们要做好调研，对于自己喜欢的品牌和款式，要时刻关注其价格变化和促销活动，选择合适的渠道购买，从而达到省钱的目的。

直接购买展示的样品家具

2 网购家具的注意事项

在软装阶段，家具所占的比重是很大的。随着网购渠道越来越发达，很多业主都会选择网购家具，这样可以大大提升性价比，再加上现在很多商家都是免费送货上门，还包安装，可以节省不少成本。为了避免在网购家具的时候出现不必要的麻烦，需要注意一些常见问题及掌握解决方法。

（1）分类购买家具

网购家具有个弊端——不能亲自感受舒适度，特别像沙发这类需要靠软硬度来体现舒适度的家具。所以，在网购家具的时候需要分清楚哪些家具适合线上购买，哪些家具适合线下购买。线上购买的家具体现更多的是其功能性或收纳力，而线下购买的家具更在意使用的舒适性。

网购沙发无法试坐感受其软硬度

线上、线下购买家具分类

适合线上购买的家具	适合线下购买的家具
茶几	沙发
餐桌	床垫
餐边柜	床（靠背）
梳妆台	沙发椅
床头柜	餐椅
衣柜	办公椅
鞋柜	—
电视柜	—
书桌	—
书架	—

对于适合线下购买的家具，如果你实在想在线上购买，那么需要注意两点：第一，看好款式后最好先去线下店找同款感受一下此类产品的舒适度；第二，多对比几家线上的店铺，着重看销量高的，并且多看真正买家的评论内容和晒图，综合评定后再网购。

我们要尽量选择有线下店铺的品牌，线下体验，线上购买，这样比较有质量保证。

适合网购的餐边柜、餐桌等家具

（2）关注材质

有些网购产品之所以价格非常便宜，是因为在用料上采用了低质量的材料。比如有的木制家具，内芯是人造木的，也就是我们常说的密度板，只不过在最外层做了木纹贴皮。所以，在线上购买家具时不要被低价吸引，要多看测评和口碑评价，特别是"差评"内容，这很重要。

要多关注家具的材质和做工

（3）看产品发货地

了解家具市场的人都知道，广东省佛山市做家具比较出名。这里家具原厂很多，成本较低，价格自然也就比较便宜，而且质量还很不错。所以在网购的时候可以看一下发货地，尽量选择从广东省佛山市或东莞市发货的商家。

优先选择广东省发货的家具

（4）问清售后服务

最后要注意的就是售后服务了，在选购前要先问问客服，家具的质保年限是多久，以及退换货问题。退换货有无期限限制？商家是否包含了运费险？有无特殊退换货要求？一定要注意退换货的条件，有些商品拆封或使用后是不给退换的。还有一些定制产品是不支持退换货的，这些都要提前问清楚。

总之，网购家具非常考验耐心和知识储备，一些商家会用"高大上"的措辞来包装很普通的东西。对于新技术的产品更是要多问多查，了解得越多，就越容易买到满意的产品。

售后服务很重要

家电选购如何省钱？

家电也是软装的一部分。如今家电无论是从功能性还是从外观来看，都越做越好，品牌和款式的选择也越来越多。有些家电不断推出新的概念和新的技术，在购买之前，我们需要对这些概念进行深入了解，清楚其性价比之后再购买，不要为一些看似"高大上"却不实用的技术买单。

这里要提醒大家，平日可以直接线上购买，如果赶上节假日或品牌周年庆，那么可以先去线下店看看。在特殊的时间，线下店推出的活动价格可能比线上活动价格还划算。

1　不同家电的选购要点

家电的种类很多，每种家电突出的功能都不一样。在购买的时候，我们要看准其最核心的价值和技术，保证实用性，不要被高颜值的外观吸引，毕竟家电的实用性才是第一位的。下表总结了常用家电的选购要点，都是在购买之前应优先考虑的内容，大家可以参照这个表格进行筛选。

常用家电的选购要点

家电产品	选购要点	附加功能
电视机	需要匹配的尺寸；分辨率：1080 P 或 4 K 的清晰度会比较高；手机可以投屏观影；优先选择进入主界面快的电视机	画质技术：LCD、LED、OLED 等，提升观感体验。智能语音控制；其他智能应用：自带操作系统，可上网、玩游戏等
冰箱	要有足够的存储容量，建议选择 500 L 以上的；选风冷冷制，不结冰，制冷强；高能效，可以节能环保	可调节的变温区；零度保鲜技术和真空保存技术（保鲜时间更久）；划分干区和湿区；内置制冰机，外置水吧
空调	选择合适的制冷量，保证制冷效果；空调类型有壁挂式、柜机、中央空调；选能效高的，使用时间较长的话可省电；优先选择全直流变频空调；带除湿功能（南方地区很需要）	智能感应（有人体红外感应功能的可避免直吹）；空调自清洁功能；可接收智能语音指令，实现声源定位送风
洗衣机	容量；洗涤方式，滚筒式清洁更彻底，波轮式价格更划算；自带抗菌功能，可以做到高温除菌	烘干功能（建议选用独立烘干机）；洗衣机自清洁功能，定期清理；烘干带除毛功能

续表

家电产品	选购要点	附加功能
电热水器	热水器容积尽量选 60 L 以上的，避免洗澡时热水不够用；因热水器常年不关，要选能耗系数在 0.8 以下的；选带电子镁棒的，避免水垢腐蚀内胆和加热管等重要零件	卫生间较小，水量需求大时，可考虑安装燃气热水器；增容功能，尽量选高一些的倍数，可供多人洗澡使用
洗碗机	选择适合的容量，2 ~ 3 人选 6 套洗碗机，4 ~ 6 人可选 13 套洗碗机；带高温杀菌、烘干功能；尽量选择喷淋式，比较省水，有强力、超快洗等功能	双层洗碗机自带半层清洗功能；创新抽屉形态的洗碗机；烘干完毕后，洗碗机会自动开门散热
抽油烟机、灶具	抽吸方式：追求美观效果选顶吸，追求实用效果选侧吸；风量大于 20 m³/min；噪声不超过 65 dB，数值越小越好；带自动巡航增压功能的排气更顺畅	联动功能，开燃气时抽油烟机自动打开；挥手智能控制，智能关火、定时功能；集成灶，一般附带消毒柜和蒸烤箱
净水机	零添加：尽量选择物理过滤技术，不添加化学成分，保证健康。零阻垢剂：滤材中不添加阻垢剂，比如磷酸盐等，避免化学物质残留	各种精滤技术（五六层滤芯）；零陈水：母婴净水标准，降低第一杯水的 TDS（总溶解固体）值，可直饮
饮水机	选择即热式饮水机，避免加热等待；自带冷、温、热三档温控；小体积台式机，方便移动，方便接水	可自行设定温度参数, 设定满杯量,自动停止; 带童锁功能
垃圾处理器	尽量选直流电机，研磨充分，不卡机；选无线开关，无须打孔，粘贴式，安装方便	智能感应研磨腔负载情况，可自动关机；自动反转功能，堵塞时避免卡机，延长使用寿命

 小提示

注重家电品牌和售后服务

选购家电时要注意一个共性的要点，就是品牌和售后。选择一个口碑好的品牌很重要，会拥有良好的售后服务，让家电在使用年限中少出现故障，尽量减少维修成本。

2　如何挑选性价比高的家电产品？

在购买家电的时候，一定要从我们的生活需求出发，判断对自己来说实用的功能是什么，看准最核心的功能。那么如何才能够买到性价比高的家电呢？我们可以从以下几点出发。

（1）大促期间购买家电

每年都有各类家电的大促时间，可利用这个时间统一采购。比如每年的"双 11"和"6·18"。现在很多平台都可以将家电寄存 60 ～ 90 天，赶上装修或提前购买寄存都是可以的。除了大促时间，也要时刻关注线下店庆或品牌周年活动，有时价格比线上还便宜。

（2）优选国产品牌

现在国产品牌家电一点不比进口品牌的差。很多进口品牌产品也只是内机进口，其他部件为国内代工，但价格比国产品牌高出很多。所以在选购家电的时候，优先选择国产家电品牌，性价比更高。

高性价比的国产家电

常用家电国产品牌参考表

家电产品	国产品牌参考
电视机	TCL、小米、华为、海信、创维、雷鸟（TCL旗下）
冰箱	海尔、美的、容声、美菱、TCL
空调	格力、美的、海尔、海信、志高
洗衣机	海尔、小天鹅、美的
电热水器	海尔、美的、万家乐、万和、统帅
洗碗机	海尔、美的、西门子（国内生产）
抽油烟机、灶具	老板、方太、华帝、美的
净水机	美的、海尔、沁园、安吉尔、小米
饮水机	美的、小米、北鼎、京东京造
垃圾处理器	贝克巴斯、复旦申花

（3）购买核心功能

很多家电除了自身核心功能外，都会有升级功能，但对大多数家电而言，最实用且应用频率最高的还是核心功能。所以，我们在购买家电时应尽量选择单一核心功能的。

（4）多利用保价功能

现在很多网购平台都会有保价功能，但很少有人知道。保价功能就是你购买家电后，在一定时间内如果商品降价了，那么商家就会把差价退还给你，即便是"双11"或"6·18"期间也能用得上。如果你是平日购买家电，那么这个功能就更用得上了。

在满足基本功能的基础上再考虑附加功能

（5）优选节能产品

购买节能产品本身也是一种省钱方式，毕竟现在家电的种类越来越多，每天的耗电量也不少。可能很多业主没有仔细算过，一年下来电费是一笔不小的数目。所以，要尽量选择节能的产品，这样每年能够省下不少电费。

优先选择 1 级能效家电

（6）常用多功能

前面提到买家电就买单一核心功能的，尽量不买多功能的。但有个例外情况，如果一个家电可以把常用核心功能合并起来，就可以购买。比如蒸煮一体机，可以同时把"蒸"和"煮"合并，但只需要一台家电的钱。

蒸煮一体机

软装搭配省钱技巧

我们适当学一些软装搭配技巧，能为硬装省下不少费用。那么接下来就看看都有哪些比较实用的软装搭配方案。

1　软装省钱的基本原则

利用好软装配饰，既能够为居室增添很多特色，彰显装修品位，又能节省装修预算。所以挑选性价比高的软装配饰就显得尤为重要了。

（1）装饰画

装饰画是软装配饰里性价比最高的产品之一，我们可以根据装修风格搭配与之匹配的装饰画，让空间充满活力或艺术性。在硬装的时候，尽量不要做造价高的背景墙，可直接涂刷乳胶漆并用装饰画装点，并且装饰画还可以随时更换。

门厅玄关装饰画

床头背景墙装饰画

（2）花瓶 + 植物

花瓶和植物组合的装饰物性价比较高，一个好看的花瓶搭配上鲜花，随便摆在哪里，都很有氛围感。也可以使用更加省钱的方式——纸袋搭配假花，效果也非常不错。

（3）布艺

布艺是软装中很重要的一部分，其质地和样式都比较丰富，适用于各种装修风格。常见的窗帘、床品、地毯、抱枕等，都是非常好的装饰素材。除床品这类亲肤的产品尽量不要买太便宜的外，其他几种只要选好了样式，买便宜的就可以，想更换风格也不会觉得心疼。

（4）灯具

灯具也是软装的一部分，各种造型的灯具同样可以凸显居室的氛围感，比如在沙发旁摆放一盏落地灯，客厅的氛围感立马就有了。挑选灯具的时候，建议尽量选择简约大方的款式，不要选复杂的水晶灯，既容易过时，还很难清洁。

纸袋搭配假花营造氛围

性价比极高的拼花窗帘

客厅的落地灯

餐厅的简约吊灯

（5）陈列品

如果是喜爱收藏的业主，那么陈列品也是非常好用的软装配饰，比如杯子、盘子、烛台、手办、书籍等。

收藏各式各样的杯子

收藏的碗碟展示

诸如此类，高性价比的软装好物还有很多，比如挂件、编织篮、绿植等。软装配饰是一个可以花小钱办大事的东西，在硬装上即使花很多钱，可能也未必能达到你想要的效果，还容易踩"坑"，而软装的容错率和成本都很低，是值得多花时间思考的。

2　收纳也是软装的一部分

收纳是我们日常整理东西的方式，可以让家变得整洁，也是软装的一部分。比如买个好看的杯子收纳柜，水吧区的"颜值"就能立刻提升一个档次。

现在收纳产品越来越多，噱头也越来越多，价格参差不齐。我平时喜欢花很多时间研究收纳，收纳的核心不仅是为了好看，更是方便生活，需要什么可以立刻找到。好的收纳需具备以下三个特点。

（1）尽量藏

如果我们用普通收纳盒或收纳袋装东西，就要尽量把这些收纳物放进柜子里，不要摆在明面上，不然还是会显乱。关上柜子后什么都看不到，打开柜子一目了然。但如果用好看的收纳柜，那么就放在外面，作为装饰物。

零食柜收纳

洗衣用品收纳

（2）减少拿取步骤

收纳的核心是方便我们找东西和拿东西，如果拿一个东西需要至少三个步骤，就是无效收纳。最好的收纳是两个步骤：打开柜子，拿取物品。所以，柜子里的收纳工具应尽量选择敞口的，而不是打开柜子后还要再打开盖子，或者解开袋子，增加多余的收纳步骤。

如果有需要密封的东西，就用透明抽屉，方便拉取，并贴上标签，找东西时一目了然。

柜子里的透明收纳抽屉

（3）便宜好用

收纳是为了生活上更便捷，如果花大价钱去买收纳工具，就本末倒置了，所以

挑选性价比高的收纳工具很重要。推荐几个实用且平价的收纳工具，它们都是生活的好帮手：

● 旋转托盘

参考价格：15 ~ 25 元。

旋转托盘上适合放各种调料、酱料，不用每次拿取里面的东西时再要把外面的也拿出来。旋转托盘就是简单转一下，用哪个拿哪个，十分方便。应尽量选底层带凸起小疙瘩的，有防滑作用。

旋转托盘

● 统一药箱

参考价格：2 ~ 4 元。

这款像烟盒的药箱非常好用。把药品分类收纳起来，并在药盒上面贴上标签，记录药品名称、保质期和服用药量，打开药箱一眼就能看到需要的药和用量，省去每次找药盒说明书的时间。

烟盒状小药箱

● 万用挂杆

参考价格：5 ～ 10 元。

几块钱的挂杆用处非常多，可以挂发箍、头绳、丝巾、腰带等。它不占用任何盒子或抽屉，直接利用柜子上层空间和侧壁，将空间利用到了极致。

万用挂杆

● 分隔板

参考价格：10 元左右。

比起各种尺寸的收纳盒，分隔板更好用。分隔板可以将空间分隔成不同大小的格子，放不同物品，比如内衣、内裤、袜子。注意分隔板有薄板和厚板，建议要买厚板，前者比较容易变形。

抽屉分隔板

总之，作为增添居室气氛和个性的软装，可选择的种类真的太多了。如何花最少的钱让其发挥出最大的作用，是我们需要不断学习和完善的。

❧──── 本章小结 ────❧

◎全屋定制是软装花钱最多的部分，从板材到五金再到服务，都要精打细算。看清商家的套路，快速识别增项内容和自购配件，是全屋定制省钱的两大法宝。

◎在选购家具的时候，我们要多利用有效信息，掌握一些省钱的小技巧，并合理利用网购，从而购买到高性价比的家具产品。

◎家电拥有各自的选购要点，要从实用性出发，挑选出性价比高的产品。

◎软装搭配好了，是一件"一本万利"的事情，选择高性价比的软装配饰，并掌握收纳技巧，省钱的同时还能够为家增色不少。